Autumn Time

美好時光 · 秋高氣肅的舒適手作季節

　　即將進入一年尾聲，迎來些微寒冷的氣息，此時更需要手作來暖活雙手，或是溫暖親朋好友的心，用歡樂的交流談笑聲，炒熱周遭的氣氛。也可以享受靜謐的手作時光，搭配上喜愛的輕音樂，沉醉在熱愛事物的小宇宙裡，更能創作出令自己滿意的作品，獲得滿足與成就感，一同感受手作的魅力吧！

　　本期 Cotton Life 結合時尚流行的趨勢，將秋冬流行色與流行包款用手作來詮釋，創造出全新的火花。靈感取自 2019 年秋冬流行包款【復古包】，用不退流行的格紋布與經典的款式做設計，也可以結合冬天的毛料或絨毛材質，讓包款更有特色與整體感。運用今年的流行色，拼貼製作出拼布壁飾，跳脫傳統的思維框架，玩出更具獨創性的作品，讓你的創意在製作中不斷湧現。

　　本期主題「白領必備公事包」，專為上班和學生族打造的功能性包款，內袋需放的下 A4 資料夾和筆電，出差時還可以固定在行李箱拉桿上，美觀又方便。主題內容包含設計多種造型口袋的時代潮男兩用公事包、有多層內袋設計的氣質粉領事務包、用渲染圖案表現率性自在的自然感手染公事包、外型簡約大方又耐看的簡約時尚提包。男女包款都收錄，是必備的實用質感公事包款。

　　此刊專題『經典壓紋包款』，除了包款布樣和配色的變化外，用壓紋的方式讓外觀更有立體感，能呈現出不一樣的特色，有皮革製如同精品店販售的優雅革格後背包、用牛仔布壓車自由曲線的意象波浪紋肩背包、輕盈可凹摺收納不會變形的的大頭狗空氣包，用不同的壓紋，展現出包款的變化度。

　　即將迎來新的一年，製作帶來財運和好運的手作品吧！特別企劃「招財開運布包雜貨」，本次單元收錄了外觀是招財貓造型的可愛招財貓零錢包、招財意味濃厚又實用的帶財吸金小提包、明年是鼠年有錢數不完涵義的鼠來寶貝萬用包，每款都能帶給你滿滿的招財力，搶先開始動工吧！

感謝您的支持與愛護
Cotton Life 編輯部
www.cottonlife.com

Cotton Life

秋冬手作系
2019 年 11 月
CONTENTS

節慶主題

自薦專線

Cotton Life 長期徵求拼布老師、手作達人，竭誠歡迎各界高手來稿，將您經營的部落格或 FB，與我們一同分享，若有適合您的單元編輯就會來邀稿囉～

(02)2222-2260#31
cottonlife_service@gmail.com

國家圖書館出版品預行編目 (CIP) 資料

Cotton Life 玩布生活 No.32：2019 流行色與
包款 × 白領必備公事包 × 經典壓紋包款 ×
招財開運布包雜貨 / Cotton Life 編輯部編 . --
初版 . -- 新北市：飛天手作，2019.11
　面；　公分 . -- （玩布生活；32）
ISBN 978-986-96654-7-6（平裝）

1. 手工藝

426.7　　　　　　　　　　　　108017900

Cotton Life 玩布生活 No.32

編　　者 / Cotton Life 編輯部
總 編 輯 / 彭文富
主　　編 / 潘人鳳
美術設計 / 柚子貓、普瓊慧、林巧佳、April
攝　　影 / 詹建華、蕭維剛、林宗億
紙型繪圖 / 菩薩蠻數位文化

出 版 者 / 飛天手作興業有限公司
地　　址 / 新北市中和區中正路 872 號 6 樓之 2
電　　話 / (02)2222-2260‧傳真 / (02)2222-1270
廣告專線 / (02)22227270‧分機 12 邱小姐
教學購物網 / www.cottonlife.com
Facebook / http://www.facebook.com/cottonlife.club
讀者服務 E-mail / cottonlife.service@gmail.com
■ 劃撥帳號 / 50381548
■ 戶　　名 / 飛天手作興業有限公司
■ 總 經 銷 / 時報文化出版企業股份有限公司
■ 倉　　庫 / 桃園市龜山區萬壽路二段 351 號

初版 / 2019 年 11 月
本書如有缺頁、破損、裝訂錯誤，
請寄回本公司更換
ISBN ／ 978-986-96654-7-6
定價 ／ 320 元
PRINTED IN TAIWAN

封面攝影 / Pauline Zhang
作品 / Pauline Zhang

Ama's 聖誕 Party

相信手作人一定有很多小碎布，哩哩扣扣的雜貨，在2019年的聖誕
節利用這些雜貨來製作特別的溫馨聖誕相框，讓全家人一起度過溫
暖的聖誕Party吧！

製作示範／Ama　編輯／Forig　成品攝影／林宗億

相框尺寸／長20cm×寬28cm

難易度／✿✿

◎相框的大小和顏色選擇可以依
　個人喜好來決定，素胚木器可
　用壓克力顏料上色。

How To Make

✿裝飾相框

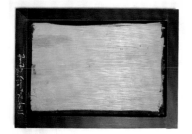

1 將素胚木器用86#、64#壓克力顏料平塗上去,吹風機吹乾後再用細砂紙稍微磨舊即呈現鄉村風格。

2 背板尺寸可依個人選擇的相框大小來剪內框尺寸,大小剪一塊亞麻布黏貼於內框。
※背景布也可以選擇聖誕風格的花布。

3 將H3.5cm×口徑3cm底部2cm的素燒盆分成兩半,取一半素燒盆,用熱熔膠黏於側邊,內塞一小塊乾燥海綿。

Materials 紙型 Ⓐ面

材料:相框或木框（20×28cm）、白色短絨毛布、紅色羅紋布、麻布、聖誕節慶花布、格子布、英文布、素燒盆（H3.5cm×口徑3cm）、彩色塑膠鈕、小木片數片、水草、乾燥松果、乾樹枯木、人造果實、麻繩、拉菲草、小黑珠子、乾海棉、壓克力顏料（DA02、86、64）、白膠、細砂紙。

裁布:

雪人	紙型	2片
雪人帽子	紙型	1片

※以上紙型未含縫份。

Profile

Ama country doll

Ama's 學習路程,很長遠很美好!專長禮品包裝設計、花藝設計、彩繪設計、黏土創作、娃娃創作,除了這些基本學習的技巧外,這15年來不斷創作設計,靈感來自於喜愛大自然的樸舊,及花草樹木的繽紛色彩,更延續現代文明的素材應用,才有了個人風格的 Ama doll!
著作:《Ama's 鄉村娃娃屋》、《Ama's 手縫童話鄉村娃娃》

部落格資訊:

https://www.facebook.com/pages/
Amas 鄉村娃娃 /
369991516409844
https://www.pixnet.net/amadoll0733
https://www.ama-doll.idv.tw

12 將一些乾燥花材、果實、樹枝、水草、有層次的隨意擺放，黏於相框底部。製作好的雪人黏於相框側邊。

13 最後將禮物，木製方塊乾刷塗色並綁上蝴蝶結，黏於聖誕樹下旁。相框中心處可黏貼上全家福照片或當留言板即完成。

8 用細麻繩穿入彩球布，麻繩底部要打個單結做止結，才不會掉出來，再隨意剪一枝分岔的樹枝，將彩球依高低有層次的綁在樹枝上。

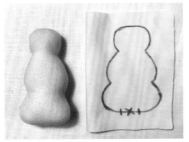

9 將雪人的版型描繪於白色短毛布，依雪人的框線車合，並預留0.3cm縫份剪下，翻回正面塞棉，返口藏針縫合。

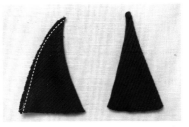

10 將羅紋布折雙變成直角三角形，斜口處車合翻回正面。

11 帽頂利用短毛布剪3~4條布條，重疊捲針縫合於帽頂上，帽沿外翻1cm，中間平針縫裝飾線再塞點薄棉，雪人戴上帽子釘縫固定於雪人頭上。雪人臉部縫上眼睛黑珠子，嘴巴平針縫繡上，臉頰縫叉叉，並乾刷上腮紅。再將鼻子，手用乾樹枝插黏於雪人身上，身體縫上釦子，脖子綁上圍巾。

4 選擇大小不一的塑膠彩色釦（可選擇自己喜歡的釦子），用熱溶膠將釦子以堆疊方式黏成一棵聖誕樹的形狀。

5 利用小碎布剪成大小不一的形狀（花布的顏色可以依聖誕的色彩來決定花色）。

6 將小碎布塊用白膠隨意黏於內相框上下處，黏貼面積也可以依個人喜好來決定高度。

7 利用碎布撕成一條一條，再用白膠將一條布捲成圓形球，記得布條要邊捲、邊黏膠、邊塑形成一顆小彩球。

流行趨勢

2019
秋冬流行色與包款

秋冬流行包－復古包

流行色玩手作－拼布藝術

2019 年秋冬包包趨勢大預測！
https://www.bella.tw/articles/handbags/18859

2019/20 秋冬全球色彩趨勢
https://ifashiontrend.com/2019-2020-fashion-tren

2019 秋冬
全球色彩趨勢 × 拼布設計

以今年秋冬的色彩流行趨勢與拼布做結合，將流行與傳統衝擊出更具現代感的表現，運用色彩與拼接技巧做連結設計，產生出不一樣的火花，提升對色彩的敏銳度，對未來的創作更有靈感與想像。
色彩參考資訊源自於中國服裝工業網的 2019/20 秋冬全球色彩趨勢－藝術匠意主題，請拼布老師運用其色組與拼布做結合，所創作出來的壁飾作品。

藝術匠意

色彩趨勢意旨經的起時間考驗的經典設計，用濃郁且具有復古特點的色彩打造跨季外觀。

本單元邀請到王鳳儀老師用作品示範的拼接方式，來做流行色的拼貼呈現。

王鳳儀　　　　　　　　　　　　　　　　　　　　　*Profile*

本身從事貿易工作，利用閒暇時間學習拼布手作，2011 年取得日本手藝普及協會手縫講師資格。並於 2014 年取得日本手藝普及協會機縫講師資格。
拼布手作對我而言是一種心靈的饗宴，將各種形式顏色的布塊，拼接出一件件獨一無二的作品，這種滿足與喜悅的感覺，只有置身其中才能體會。享受著輕柔悅耳的音樂在空氣中流轉，這一刻完全屬於自己的寧靜，是一種幸福的滋味。

J.W.Handy Workshop
J.W.Handy Workshop 是我的小小舞台，在這裡有我一路走來的點點滴滴。
部落格 http://juliew168.pixnet.net/blog
臉書粉絲專頁
https://www.facebook.com/pages/JW-Handy-Workshop/156282414460019

Medallion
獎章式拼接壁飾

製作示範／王鳳儀
編輯／Forig　成品攝影／詹建華
示範作品尺寸／長 80cm× 寬 80cm
難易度／▲ ▲ ▲

獎章式拼接通常是由中間圖案往外加邊條組合而成的，並用幾何圖案排列來呈現。

Materials

紙型 *A* 面

用布量：

橘色布 1 尺、灰色布 2 尺、咖啡色 35×30cm、藍色布半尺、黃色布 1.5 尺、
綠色布 1 尺、鋪棉 1 碼、底素布 1 碼。

裁布：

圖案 A		
橘色布 a	11.5×11.5cm	1
灰色布 a	6.5×6.5cm	4
灰色布 b	11.5×11.5cm	1
橘色布 b	6.5×6.5cm	4
圖案 B		
灰色布 a	6.5×6.5cm	6
咖啡色布 a	6.5×6.5cm	6
灰色布 c	5.5×5.5cm	4
圖案 C		
橘色布 c	9.5×9.5cm	1
咖啡色布 b	5.5×5.5cm	4

圖案 D		
藍色布 a	3.5×3.5cm	4
黃色布 a	3.5×2.5cm	8
黃色布 b	5.5×2.5cm	8
圖案 E		
藍色布 b	17.5×3.5cm	4
黃色布 c	17.5×2.5cm	8
黃色布 d	5.5×5.5cm	8
圖案 F		
橘色布 a	11.5×11.5cm	8
灰色布 a	6.5×6.5cm	32
圖案 G		
藍色布 c	9.5×9.5cm	4
灰色布 c	5.5×5.5cm	16

圖案 H		
黃色布 e	49.5×5.5cm	8
綠色布 a	紙型	24
灰色布 d	紙型	20
灰色布 e	紙型	8（左右各 4）
圖案 I		
藍色布 d	紙型	8
藍色布 e	5.5×5.5cm	4
灰色布 f	紙型	16（左右各 8）
黃色布 f	5.5×13.5cm	8

※ 以上紙型＆數字尺寸均已含縫份。

09 並整燙好，同作法完成其它 3 組的接合，共 4 組。

05 中心畫線剪開，縫份倒向灰色布燙開。

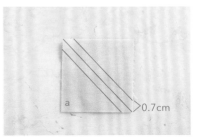

01 取灰色布 a，對角畫線，左右各畫 0.7cm 縫份，完成 4 片。

拼接圖案 B

10 取灰色布 a 和咖啡色布 a，正面相對，車縫對角線左右 0.7cm 縫份線，車好後將對角線剪開。

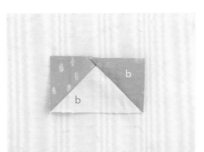

06 另一片同作法，共完成 4 組。

02 取 2 片灰色布 a 擺放對齊在橘色布 a 對角位置，並車縫兩道縫份線。

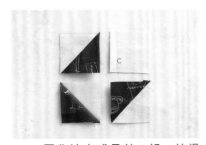

11 同作法完成另外 5 組，並燙開。取 3 片和 1 片灰色布 c 依圖示排列組合。

07 取灰色布 b 和橘色布 b 同步驟 1～6 完成車縫（色彩對調）。

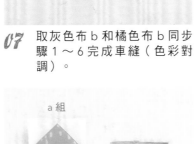

08 將 a、b 組各取 1 片，橘色部份正面相對接合。

03 從中心畫線剪開，縫份倒向灰色布燙開。

12 依上步驟組合共完成 4 組。

04 再取灰色布與上步驟其 1 組依圖式位置對齊好，車縫兩道縫份線。

20 依圖示共完成 4 組。

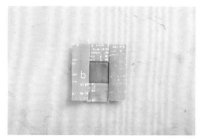

16 再取 2 片黃色布 b，左右接合，共完成 4 組。

拼接圖案 C

13 取咖啡色布 b 對齊橘色布 c 邊角，車縫對角線，縫份留 0.7cm 其餘修剪掉。

拼接圖案 F

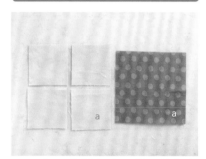

21 取 1 片橘色布 a 與 4 片灰色布 a 為 1 組。

拼接圖案 E

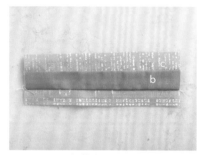

17 取 1 片藍色布 b 與 2 片黃色布 c 接合。

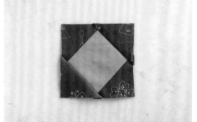

14 另外三邊同作法並燙開。

22 同拼接圖案 A 的作法，共完成 8 組。

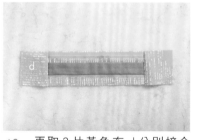

18 再取 2 片黃色布 d 分別接合在兩短邊。

拼接圖案 D

15 取 1 片藍色布 a 與 2 片黃色布 a，上下接合。

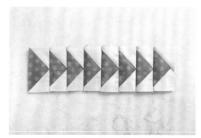

23 將 8 組依圖示方向接合成長條狀，共完成 4 組。

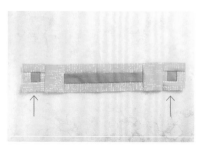

19 將完成的拼接圖案 D 接合在黃色布 d 兩邊。

32 取藍色布 e 和 2 片黃色布 f 與上步驟的方形接合。共完成 4 組。

組合拼接圖案

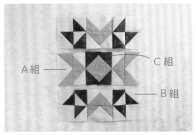

A組
C組
B組

33 將圖案 A、B、C 組依圖示排列，先接合左右邊。

34 再接合上下邊，此為壁飾中心圖案。

35 將圖案 D、E 組（步驟 20）依圖示排列。

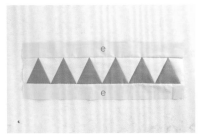

28 依圖示依序接合，共 6 片綠色布，5 片灰色布 d 交錯，左右兩邊灰色布 e 當起頭和結尾。

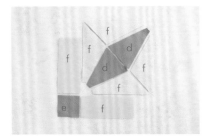

e

e

29 取 2 片黃色布 e 接合上下邊。

拼接圖案 I

30 取裁片依圖示排出組合。

31 先將藍色布 d 兩邊與灰色布 f 左右片接合，完成 2 組等腰三角形，再接合成方形。

拼接圖案 G

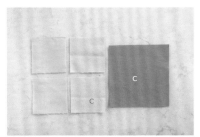

c

c

24 取 1 片藍色布 c 和 4 片灰色布 c。

25 同拼接圖案 C 接合，共完成 4 組。

拼接圖案 H

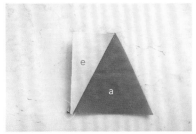

e

a

26 取綠色布 a 和右邊的灰色布 e 接合。

d

27 綠色布另一邊與灰色布 d 接合。

44 三層壓線,壓落針縫和自由曲線。

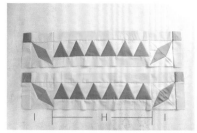

40 取圖案 H 組,左右兩邊與圖案 I 組接合。共完成 2 組。

36 先接合上下邊。

45 將外圍裁切成 80×80cm,並裁切 3.5×350cm 包邊布在四周車縫滾邊。

41 將另外 2 組圖案 H 與步驟 39 先接合上下邊。

37 再接合左右邊。

46 完成。

42 再取步驟 40 接合左右邊,完成所有圖案拼接。

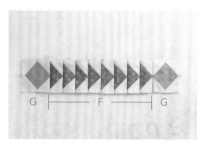

38 將圖案 F 組的兩邊與圖案 G 組接合。共完成 2 組。

43 拼接片背面放上鋪棉和底素布。

39 步驟 37 的拼接圖兩邊先與圖案 F 組接合,上下再接合步驟 38 的 2 組拼接。

暖格格斜背包

毛料布用皮革來點綴襯托出時尚的設計感，搭配上格紋法蘭絨，為整體營造出滿滿的秋冬氣息。符合秋冬節氣的包款，與服飾也能完美穿搭，走在街道上回頭率攀升，忍不住讓人多看一眼。

製作示範／古依立
編輯／Forig　**成品攝影**／蕭維剛
示範作品尺寸／寬 30cm× 高 28cm× 底寬 10cm
難易度／👑 👑 👑 👑

Profile

古依立

就是喜歡！就是愛亂搞怪！雖然不是
相關科系畢業，一路從無師自通的手
縫拼布到臺灣喜佳的才藝副店長，就
是憑著這股玩樂的思維，非常認真地
玩了將近 20 年的光景，生活就是要
開心為人生目標。
合著有：《機縫製造！型男專用手作
包》、《型男專用手作包 2：隨身有
型男用包》

依秝工作室
新竹縣湖口鄉光復東路 315 號 2 樓
0988544688
FB 搜尋：「型男專用手作包」、
古依立、依秝工作室

Materials

紙型 A 面

用布量：

表布：格紋法蘭絨 3 尺、毛料布 0.5 尺、光感尼龍布 0.5 尺。

裡布：防水布 3 尺。

裁布：※ 以下紙型及尺寸皆己含縫份。

部位名稱	尺寸	數量	燙襯參考 / 備註
表布／格紋法蘭絨			
F1 前上袋身	紙型	1	厚布襯不含縫份 1 片／含縫份 1 片
F2 前下袋身	紙型	1	厚布襯含縫份
F3 袋蓋後背布	紙型	1	厚布襯含縫份
F4 前口袋裡布	紙型	1	厚布襯含縫份
F5 前口袋側身表／裡布	紙型	2	厚布襯含縫份
F6 側身	紙型	1	厚布襯不含縫份 1 片／含縫份 1 片
F7 後上袋身	紙型	1	厚布襯不含縫份 1 片／含縫份 1 片
F8 後下袋身	紙型	1	厚布襯不含縫份 1 片／含縫份 1 片
表布／毛料布			
F9 袋蓋表布	紙型	1	（特殊襯 1 片）
F10 前口袋表布	紙型	1	特殊襯 1 片＋牛津襯不含縫份 1 片
表布／光感尼龍布			
F11 包繩布	75cm×2.5cm	2	
	55cm×2.5cm	1	
裡布／尼龍布			
B1 前／後裡袋身	紙型	2	
B2 側身	紙型	1	
B3 後袋身 20cm 拉鍊裡布	25cm×35cm	1	
B4 褶式口袋布	40cm×15cm	2	
B5 鬆緊帶檔布	8cm×6cm	4	
B6 貼式口袋	32 cm×40cm	1	

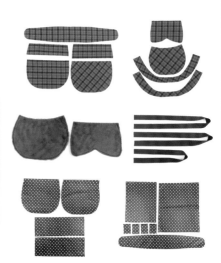

其它配件：

32cm ＃5 金屬拉鍊 1 條、20cm ＃5
金屬拉鍊 1 條、拉鍊尾檔 1 個、3.8cm
織帶 5 尺、3.8cm 日型環 2 個、3.8cm
口型環 2 個、插釦皮袋蓋 1 組、織帶
皮片 2 入、雙面鉚釘 8 組、1.5cm 鬆
緊帶 32cm 長 2 條、細棉繩 7 尺、包
邊帶 3 尺、單面磁釦 1 組。

09 縫份倒向下袋身壓線 0.5cm。

05 袋蓋後背布朝上,布邊與皮袋蓋上方對齊先貼合,並鎖上鎖釦檔片。

製作前袋身及袋蓋

01 袋蓋 F9 表布與 F3 後背布正面相對車縫三邊,上方不車為返口。

10 前口袋依紙型位置固定插釦座。

06 將皮袋蓋與袋蓋一併以皮革手縫方式固定 U 型三邊。

02 弧度處依圖示剪出牙口。

11 前口袋表 F10 ／裡布 F4 正面相對車縫袋口。

07 置於 F2 前下袋身上方,布邊及中心點對齊。

03 由返口處翻回正面。

12 袋口弧度處縫份需剪牙口翻回正面,三邊疏縫固定,兩脇邊下 2cm 車縫包繩。

08 將 F1 前上袋身與 F2 正面相對夾車袋蓋固定。

04 先將插釦皮袋蓋背面的鎖釦檔片鬆開,並於皮片背面貼上雙面膠。

製作後袋身

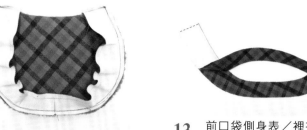

13 前口袋側身表／裡布 F5 正面相對車縫兩端。

21 取 F7 後上袋身與 F8 後下袋身正面相對,如圖示車縫固定(縫份 3cm),中間預留 20.5cm 不車。

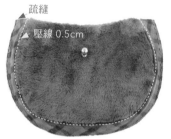

17 側身裡布與前口袋裡布同上作法車縫固定。

疏縫

▲ 壓線 0.5cm

18 翻回正面,縫份倒向側身並壓線 0.5cm 固定。表／裡側身背面相對,布邊對齊三邊疏縫。

14 並將縫份兩端燙開。

22 將縫份兩側燙開。

19 置於前袋身上方,對齊底部中心點三邊疏縫固定。

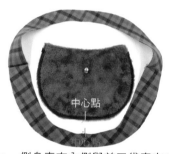

中心點

15 側身表布內側與前口袋表布中心點對齊。

23 翻回正面,將後上袋身正面往下翻。

4cm   4cm

20 兩脇邊下 4cm 處車縫包繩。

16 正面相對,布邊對齊車縫 U 型固定。

24 將 20cm 拉鍊置於 F8 下方,拉鍊齒距離反折邊約 0.3cm 黏貼。

製作側身

34 側身 F6 表布與 B2 裡布正面相對，依紙型記號線車縫固定。

35 弧度需剪鋸齒牙口，轉角處需剪直角牙口。

36 另一端作法同上完成。

37 由側邊翻回正面整燙，直角處需燙出來，四周車縫 0.5cm 固定線。

29 將拉鍊裡布往下翻。

30 再將拉鍊裡布往上對折後，布邊對齊拉鍊上方。

31 翻回正面（依圖示位置）於上袋身車縫固定線。

32 翻開後下袋身，將拉鍊裡布兩側車縫固定，車弧度底角。

33 正面後袋身兩脇邊下 4cm 處車縫包繩。

25 翻至背面，拉鍊下邊貼上水溶性雙面膠。

26 取後袋身 20cm 拉鍊裡布，正面 25cm 處與拉鍊背面相對，布邊對齊。

27 再翻回正面（依圖示位置）於下袋身車縫 0.2cm 固定線。

28 背面示意圖。

46 將完成的口袋布中心線及底部對齊記號線，中心線先車縫固定。

47 上／下檔布各穿入 32cm 鬆緊帶。

48 剪一條 20cm 包邊帶，對折為 1cm 置於上方鬆緊帶的後方先車縫固定。

49 再將包邊帶往下折對齊中心線末端，再折入下方鬆緊帶後方車縫一圈固定線。

42 依右側面 2.5cm 記號線將口袋布正面對折，並於背面反折處車縫 0.2cm 固定線。

43 翻回正面的圖示。

44 左側面作法同上完成。

45 取一片裡袋身 B1（依圖示畫出記號線）中心線及底部上 5cm。

製作裡袋身

38 鬆緊帶檔布於兩側 6cm 處皆於背面反折 1cm，車縫 0.7cm 固定線，共 4 片。

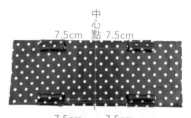

39 檔布背面對折後（依圖示位置）車縫於 B4 褶式口袋布上／下方。

40 取另一片 B4 正面相對車縫上／下側，兩端不車為返口。

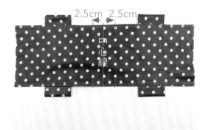

41 由返口處翻回正面，上／下壓線 0.5cm，中心點兩側各 2.5cm 畫出記號線。

57 表後袋身與表側身底部中心點對齊。

2cm

53 折雙邊再以包邊帶對折包覆車縫固定。袋口中心下 2cm 打上單面磁釦蓋。

50 檔布及鬆緊帶皆對齊兩側邊緣疏縫固定，再剪去多餘的布料。

58 正面相對，順著布邊對齊，側身弧度處打牙口，車縫 0.7cm 固定。

54 置於裡袋身上方三邊對齊並疏縫，剪去兩側多餘布料，並於相對位置固定磁釦座。

51 內裝示意圖。

59 車縫至側身止點處即可。

組合袋身

55 後袋身表布將袋口 1cm 縫份於正面反折，兩側車縫固定（縫份 0.7cm）。

60 將後袋身裡布正面朝上。

56 後袋身裡布縫份作法同上。

52 貼式口袋於 40cm 處背面對折，剪一條 10cm 包邊帶對折後置於折雙邊疏縫固定。

69 翻回正面依圖示車縫固定線。

65 將表／裡布縫份翻至布料背面以水溶性膠帶黏貼固定。

61 與後袋身表布正面相對（依圖示位置）車縫三邊固定。

70 前表／裡袋身袋口縫份同（步驟 55）作法處理。

66 取 32cm 拉鍊，一側正／反面皆貼上雙面膠帶，頭檔布需反折收邊處理。

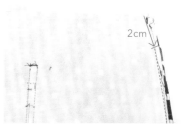

62 依圖示車縫至脇邊下 2cm 止點即可。

71 同後袋身接合方式。

67 置於表／裡袋口中間（表袋身示意圖）。

63 由袋口返口處翻回正面。

72 前袋身與側身正面相對車縫固定。

68 裡袋身示意圖。

64 袋口縫份示意圖。

80 末端反折 1.5cm 車縫完成。

77 取 3.8cm 織帶 5 尺，兩端套入日型環。

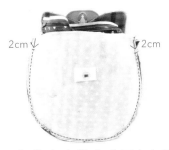

2cm　　　2cm

73 裡袋身車縫方式同（步驟 61～62）。

81 將織帶皮片置於側身上方以雙面鉚釘固定即完成。

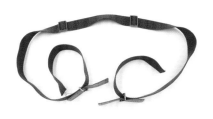

78 再套入口型環及織帶皮片。

74 由返口翻回正面。

79 最後兩端回穿入日型環。

75 另一側拉鍊車縫同（步驟 65～69）。

76 拉鍊尾端鎖上拉鍊尾檔。

北歐風情兩用包

復古的包型，將設計發揮在袋蓋上，也有與眾不同的亮點，巧妙運用色彩搭配，帶出現代流行感，各式各樣的格紋是秋冬不敗經典，值得每位女性擁有的精緻小包。

製作示範／MANA（ㄚ呂原創）
編輯／Forig　成品攝影／詹建華
示範作品尺寸／
寬 28cm× 高 17cm× 底寬 11cm
難易度／🖐🖐🖐

Profile

MANA

自從高中開始接觸拼布，就在布堆針
線中打滾了 10 年。
2 年前在丫呂原創開始加強自己的功
力，在丫呂老師和燕恩老師指導下，
從老師們設計的包款讓我進入與拼布
不同的旅程！
這次在丫呂老師的鼓勵下參與設計，
在反覆的燒腦中完成包款的製作，
很開心可以分享這樣的作品給大家，
希望大家會喜歡！

FB 搜尋：丫呂原創

Materials

紙型 **A** 面

用布量：圖案布 2 尺、帆布 1 尺、尼龍布 2 尺。

裁布與燙襯：

部位名稱	尺寸	數量	燙襯參考 / 備註
表布／圖案布			
袋蓋	紙型 A	1	先燙 1 片不含縫份，再燙 1 片含縫份的厚布襯
袋身	紙型 C	1	先燙 1 片不含縫份，再燙 1 片含縫份的厚布襯
側袋身	紙型 F	1	先燙 1 片不含縫份，再燙 1 片含縫份的厚布襯
前口袋袋身	紙型 I	1	燙含縫份的厚布襯
表布／防潑水帆布			
袋蓋裝飾片	紙型 B	1	
後袋身上片	紙型 D	1	燙不含縫份的厚布襯
前口袋裡布上片	紙型 H	1	
出芽布	60×3cm	2	袋身用
出芽布	55×3cm	1	前口袋用
裡布／尼龍布			
袋蓋	紙型 A	1	
袋身	紙型 C	2	
後袋身下片	紙型 E	1	
側袋身	紙型 F	1	
前口袋裡布下片	紙型 G	1	
前口袋袋身	紙型 I	1	
前口袋裡布	紙型 J	1	
前口袋畫折角板型	紙型 K		不裁布

其它配件：

3mm 出芽管 175cm 長、裝飾蝴蝶結五金 ×1 個、磁釦 ×1 個、2.5cm D 環 ×2 個、1.5cm
面釦鉚釘 ×6 組、側邊掛耳 ×1 對、真皮手把 ×1 個、15mm 鉚釘 ×6 個、皮背帶 ×1 條。

※ 以上紙型和數字尺寸皆已含縫份 0.7cm。

How to Make

製作前口袋

09 再將兩側上方往下 3cm 車縫出芽，轉彎處剪牙口。

10 取前口袋裡布正面相對蓋上並車縫固定，形成夾車出芽條，弧度處剪牙口。

11 翻回正面，裡布示意圖。

12 取表袋身，將前口袋置中對齊上方車縫，再落機縫牙管跟布間，把前口袋車縫固定。
※ 注意，落機縫改成手縫亦可。

05 下方對齊好三邊疏縫固定。

06 取前口袋裡布上片和前口袋裡布下片正面相對，上方車縫一道固定。

07 翻回正面，縫份倒向下片，壓線固定。

08 將前口袋袋身擺放在前口袋裡布上，三邊對齊並疏縫固定。

01 取出芽布包住出芽管車縫，一端 2cm 不車，另一端 10cm 不車，備用。

02 取前口袋袋身表裡布，分別車縫兩邊底角。

03 將表裡 2 片正面相對，車縫上方一道，縫份剪牙口。

04 翻回正面，上方壓線。將表裡布底角摺雙處剪一刀，縫份攤開對齊，用強力夾暫固定。

21 再將袋蓋對齊擺放上，三邊疏縫固定。

17 翻回正面，沿邊壓線。將下方往上 2.5cm 中心處畫記號。

13 再將袋身兩側上方往下 3cm 車縫出芽，轉彎處剪牙口。

22 並將後袋身兩側上方往下 3cm 車縫出芽，轉彎處剪牙口。

18 在記號位置，表布裝上裝飾蝴蝶結五金，裡布裝上磁釦子釦。

製作袋蓋

14 取袋蓋裝飾片，內圈弧度剪牙口，並內折 0.7cm 燙平，或拿骨筆壓平。

組合袋身

23 取表側袋身與前袋身正面相對，沿邊對齊車縫，轉彎處剪牙口。

19 取後袋身上片和下片正面相對車合。

15 將袋蓋裝飾片對齊擺放在袋蓋上，沿內圈邊壓線固定。

24 同上作法將表側袋身另一邊與後袋身車合。

20 翻回正面，縫份倒向下方壓線固定。

剪牙口

16 翻至背面，將袋蓋縫份留 0.7cm，其餘修剪掉。再取袋蓋裡布與表布正面相對，依圖示標線位置車縫，並將弧度處剪牙口。

32 取真皮手把在袋蓋上方兩側各進來3cm處用面釦鉚釘固定。

29 翻回正面,沿袋口邊壓線一圈。

25 取裡袋身與裡側袋身正面相對,沿邊對齊車縫,轉彎處剪牙口。

33 完成。

30 在前口袋相對應位置處裝上磁釦母釦。

26 同上作法將裡側袋身另一邊與另一片裡袋身車合,下方留一段返口。

31 取側身掛耳穿入D環對折,並用面釦鉚釘固定在側袋身上方,完成兩側。

27 將表裡袋身正面相對套合,袋口處兩側縫份攤開對齊好,用強力夾暫固定。

28 再將袋口處車縫一圈。

荷葉邊洋裝
\ 自然風格 /

雙排釦大衣
\ 英倫風格 /

平領洋裝
\ 親近感 /

萬眾期待的 11 月手作新書

易學好上手
的韓系童裝

專為身高85～135cm孩子設計的29款舒適童裝與雜貨

各種風格的服飾與穿搭

從可愛洋裝、摩登家居服、不同款式的外套、改良韓服、裙子和褲子,到孩子的雜貨配件等,一書包辦全身造型!單品互相穿搭出各式風格,親手打造迷人的時尚寶貝!

明瞭的裁剪排布圖和步驟拆解圖

每款都有紙型排布圖和貼襯示意圖參考,清楚的將紙型排列出來,教你如何節省布料,對初學者很有幫助,大大降低裁布出錯率,跟著易懂的步驟拆解圖製作,輕鬆完成寶貝的服飾,成就感大提升!

縫紉基礎與技巧圖解

帶領初學者入門,用好理解的圖文方式介紹使用工具、紙型的記號說明、縫份處理方式、燙襯需求、抓皺等許多製作技巧,帶你一步步打穩服裝基礎,製作任何款式都能上手。

每款共有 5 種尺寸的實物紙型,3～8 歲都可以穿

可隨著孩子的成長選擇適合的紙型尺寸進行製作,從身高 85cm ～ 135cm,共分為 5 種尺寸範圍,用媽媽牌愛的服飾,陪伴孩子每年的成長,手藝也跟著逐年精進。

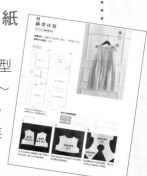

刊頭特集

白領必備公事包

白領階級的上班族不論男女都需要公事包，

將資料分類收納，又能放進筆電，方便實用。

時代潮男兩用公事包

運用雙色的配色展現個人風格與特色,卻又不失沉穩,帶出新時代潮男的魅力。各式造型的外口袋,簡潔的收納好各種物品,讓你做事時條理分明,井然有序,給人俐落的感覺。內夾層能分類好資料夾和文件,內袋也能放進筆電,這款多功能又有設計感的包款,有型的男士必備!

製作示範／李依宸
編輯／Forig 成品攝影／詹建華
完成尺寸／寬37cm×高28cm×底寬15cm(側寬12cm)
難易度／👔👔👔👔

Materials 紙型Ⓑ面

用布量：水洗石蠟帆布表布2尺、配色1尺、先染布表布配色0.5尺、裡布6尺。

裁布與燙襯：

※版型為實版，縫份請外加。數字尺寸已內含0.7cm縫份。

※本款作品製作時縫份採用0.7cm製作。

※作品用布：表布為水洗石蠟帆布，滾邊與裡布為先染布，因此本款作品
　完全不燙襯，讀者可依自己的選布決定是否燙襯。

其它配件：雙頭塑鋼拉鍊45cm×1條、塑鋼拉鍊（25cm×1條、15cm×2條）、造型鎖×1組、織帶2吋寬×8尺、2吋日型環×1個、2吋鋅鉤×2個、三角吊環1吋半×2個、8×8mm鉚釘×4個、18.5×32cm薄膠片×3片、14×34cm厚底版膠片×1片。

表布／水洗石蠟帆布（黃）

前袋身	紙型A	1
前袋身	紙型B	1
後袋身	紙型D	1
後袋身	紙型E	1
上側身	紙型	2
下側身	紙型	1

配色／水洗石蠟帆布（綠）

前袋身拉鍊口袋	紙型B	1	
前口袋	紙型C	1	
側口袋	紙型	1	
側拉鍊口袋	紙型	2	
筆插布	5×16cm	1	
吊環耳	長6cm×寬7cm	2	
15/25cm拉鍊頭尾布	長4cm×寬3cm	8	表裡各裁4片

表先染布

前口袋滾邊布	4×27cm	1	裁斜布紋
側拉鍊口袋滾邊布	4×40cm	1	裁斜布紋
後袋身拉鍊蓋布	紙型	1	

裡布

前袋身拉鍊口袋	紙型B	1
前口袋	紙型C	1
裡袋身	紙型F	2
夾層布	長39cm×寬32cm	3
側夾層布	長46cm×寬20.5cm	2
夾層前口袋布	25×25cm	1
側口袋裡	紙型	1
側拉鍊口袋裡	紙型	2
後袋身拉鍊口袋布	長29.5cm×寬40cm	1
上側身	紙型	2
下側身	紙型	1
底板布	長36cm×寬30cm	1
滾邊布	4.5×260cm	1	裁斜布紋

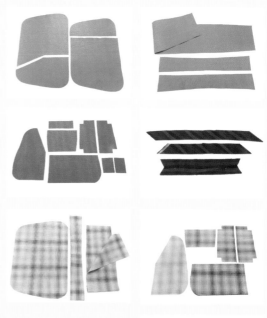

Profile

李依宸

台南女子技術學院 服裝設計系畢
日本手藝普及協會 手縫講師
臺灣喜佳專業機縫師資班第一屆機縫講師
曾任臺灣喜佳北區才藝中心主任、經銷業務副理。
服裝設計打版師經歷 5 年、拼布教學經驗 20 年。
2008 年成立「一個小袋子工作室」至今。
著有：《玩包主義：時尚魔法 Fun 手作》、
　　　《1 + 1 幸福成雙手作包》

一個小袋子工作室

北市基隆路二段 77 號 4 樓之 6
02 - 27335878
FB 搜尋：「一個小袋子工作室」

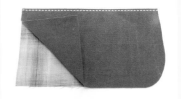

製作前袋身口袋

9 翻至正面，壓縫0.2cm臨邊線。

5 將造型母鎖依位置鎖上。

1 取表、裡前口袋C，背面相對袋口疏縫一道。

10 另一邊拉鍊與表前袋身B上方對齊疏縫固定。

6 將完成的前口袋擺放在前袋身A上，對齊下方疏縫三邊。

2 再將前口袋滾邊條正面相對擺放上，車縫固定。

11 將拉鍊尾部折起。

7 取前袋身拉鍊口袋配色布B，上方斜邊處與15cm拉鍊正面相對，疏縫固定。

3 滾邊條翻至背面包覆布邊，另一邊內摺整燙好，正面車縫0.2cm臨邊線。

12 取前袋身A與上步驟B正面相對車縫。

再取裡布前袋身拉鍊口袋B與8 表布正面相對，夾車拉鍊。

4 依所選造型鎖，在前口袋中心畫好口型，可先疏縫一圈，再剪出口型。

32

21 再將25cm拉鍊正面相對，疏縫固定在蓋布上。

17 同作法完成25cm拉鍊的頭尾布車縫。

13 將背面縫份燙開。

22 取後袋身拉鍊口袋布對齊擺放上，夾車25cm拉鍊。

18 取後袋身拉鍊蓋布對折，車縫上下斜度邊。

14 翻至正面，接合線左右各壓0.2cm臨邊線，造型子鎖也依位置固定。

製作後袋身拉鍊口袋

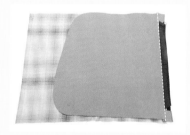

23 翻至正面，車縫0.2cm臨邊線。

19 翻至正面整燙好，備用。

15 取拉鍊頭尾布夾車15cm拉鍊兩端。

24 將口袋布對折至另一邊拉鍊下方對齊，疏縫固定。

20 將拉鍊蓋布與後袋身D依中心位置疏縫固定。

16 翻至正面，兩邊疏縫固定，並修剪整齊與拉鍊同寬。

33 在正面上下車縫0.2cm臨邊線。

29 翻至正面,縫份倒向裡布,車縫0.2cm臨邊線。

25 取後袋身E正面相對擺放上,夾車拉鍊。

34 側口袋依紙型位置擺放在下側身上,側口袋兩側疏縫,下方車縫臨邊線固定。

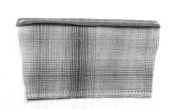

30 再將表裡側口袋底部正面相對車縫。

26 翻至正面,車縫0.2cm臨邊線。

35 筆插布依位置車縫,可依個人需求做出筆的空間。

31 翻至正面,袋口車縫0.7cm裝飾線。

27 將後口袋上下疏縫一段固定。

製作側身口袋

36 取車好頭尾布的15cm拉鍊與側拉鍊口袋表布正面相對疏縫固定。

32 取筆插布,上下內折0.7cm,兩側內折0.7cm整燙。

28 取側口袋表裡布正面相對車合。

45 再車縫0.2cm臨邊線固定,並將疏縫線拆除。

41 同作法車縫裡布的打角,並將表裡縫份都燙開。

37 再取側拉鍊口袋裡布對齊夾車拉鍊。

46 下側身兩邊口袋完成示意圖。

42 再將表裡布對齊,正面疏縫一圈固定。

38 翻至正面,車縫0.2cm臨邊線。

▼製作拉鍊口布

47 取45cm雙頭拉鍊與表上側身正面相對,疏縫固定。

43 取4×40cm滾邊布車縫外圍一圈,再將滾邊布往裡袋折好,藏針縫合備用。

39 另一邊拉鍊同作法車縫完成。

48 再取上側身裡布與表布夾車拉鍊。

44 依紙型位置將側拉鍊口袋手縫疏縫在另一邊下側身位置。

40 將拉鍊口袋四邊打角折好車縫。

57 將表裡側身對齊好，上下兩側疏縫固定。

53 將三角吊環固定在上側身的拉鍊兩端。

49 翻至正面，車縫0.2cm臨邊線。

58 從裡側身車縫滾邊布，完成兩側，備用。

製作袋底

0.7cm

54 取底板布對折，一邊折燙縫份0.7cm，一邊車縫0.7cm固定。

50 拉鍊另一邊同作法，完成上側身拉鍊。

製作裡袋身夾層

5cm 返口

59 取夾層前口袋布對折車縫三邊，一側邊留5cm返口。

55 翻至正面整燙好，將開口邊對齊車縫在下側身袋底中心位置。

51 取吊環布，將長兩邊內折燙好，依吊環寬度，正面車縫0.2cm臨邊線。

60 翻至正面整燙，袋口車縫0.7cm裝飾線。

56 表下側身與裡下側身夾車上側身兩邊。

52 並套在三角吊環上對折固定，完成2組。

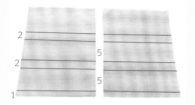

69 依標示尺寸畫記號線,共2片。

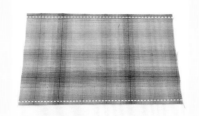

65 將正面上下車縫0.7cm裝飾線。

61 取一片夾層布,將口袋依位置車縫在夾層布上,並車縫分隔線。

70 取第1片夾層布與側夾層布,依記號壓線0.2cm固定。

66 同上作法完成3組夾層布,口袋可依個人需求增加。

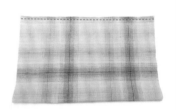

62 將夾層布正面相對,對折車縫0.7cm固定。

71 依記號線夾車第2片夾層布。

67 取側夾層布,長邊對折車縫上下兩側。

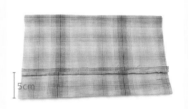

63 將夾層布縫份燙開,往上推5cm整燙。

72 再夾車第3片夾層布。

68 翻至正面,車縫兩側0.7cm裝飾線。

64 翻至正面,放入18.5×32cm薄膠片。

81 將側身與表前袋身正面相對車合。

77 有夾層布的裡袋身與表後袋身背面相對,疏縫一圈固定。

73 夾層布另一邊同作法車縫好另一片側夾層布。

製作持手與組合袋身

82 表袋身正面完成圖,後袋身同上作法車合。

16cm

78 剪織帶2吋(5cm)寬34cm長2條,依中心往左右各8cm對折並車縫0.2cm臨邊線,完成2組。

74 將完成的夾層,依位置固定在裡袋身的兩邊。

83 將裡袋身滾邊布包覆布邊折好,手縫藏針縫一圈固定。

5.5 5.5

79 將持手擺放在前袋身上方中心往左右各5.5cm處,車縫固定。

75 另一片裡袋身的口袋,請自由設計。

84 夾層布與滾邊布完成圖。

80 另一個持手同作法車縫在後袋身固定。

76 將裡袋身與表前袋身背面相對,疏縫一圈固定。

85 將厚底版膠片放入裡袋底底板布,開口用藏針縫縫好。

86 翻至正面,將袋型整理好,作品完成。

87 將織帶穿過日型環,套上鋅鉤,收尾處用鉚釘固定,製作成背帶。

88 將背帶扣在側身三角吊環上,即可側背。

氣質粉領事務包

一個讓妳隨時都準備好的包包！俐落簡約的袋型線條，打造品味與專業形象，點綴其中的圖案，展現女性優雅與親和力的特質。多層次的各式收納口袋，讓隨身物品井然有序，可輕鬆置入A4文件與筆電（或平板）等，出差時也能方便帶著走。

製作示範／紅豆・林敬惠
編輯／Forig　成品攝影／蕭維剛
完成尺寸／寬39cm×高29cm（不含提把）×底寬11cm
難易度／❚❚❚❚

白領必備公事包

Materials 紙型Ⓑ面

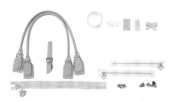

用布量：
主布／化纖防水布：3尺、配色布／圖案棉麻布：不取圖約1尺、裡布／肯尼布：3尺、壓棉布：約75×100cm一片、網眼布41×18cm一片。

裁布與燙襯：
※本次示範作品袋型主體使用化纖防水布與肯尼布，均不燙襯。若使用其它素材，請依喜好斟酌調整。
※貼燙二種襯別時，請先燙未含縫份的厚布襯，再貼燙含縫份的洋裁襯。
※版型為實版，縫份請外加。數字尺寸已內含縫份0.7cm，後方數字為直布紋。

主布（紅色化纖防水布）

表袋身	紙型A	2
表袋夾層布（裡）	紙型B	2
前表袋夾層左右片	紙型C2	2 正、反各裁1片
後表袋夾層左右片	紙型C3	2 正、反各裁1片
前口袋袋蓋布（表）	紙型D1	1
前口袋貼邊	紙型D2	2
拉桿擋布	23.5×18cm	1
表側身	紙型E	2
裡側身上貼邊	紙型F1	2
裡袋上貼邊	紙型G1	2
拉鍊口布	4.5×30cm	4

配色布（玫瑰圖案棉麻布）

前後表袋夾層中間片	紙型C1	2 厚布襯不含縫份＋洋裁襯含縫份
前口袋袋蓋布（裡）	紙型D1	1 厚布襯依指定位置不加縫份＋洋裁襯含縫份
前口袋（表）	紙型D3	1 厚布襯不含縫份＋洋裁襯含縫份

裡布（肯尼布）

前口袋（裡）	紙型D3	1
裡側身	紙型F2	1
裡袋身	紙型G2	2
裡袋夾層布①（電腦夾層）	41×24cm	1
裡袋夾層布②	41×20cm	1
裡袋夾層擋布	6×12.5cm	2
口袋布①	24×36cm	1
口袋布②	24×45cm	1
底板夾層布	23.5×15cm	1

網眼布

網布分隔口袋布	41×18cm	1

壓棉布

a側身	13×100cm	2
b裡袋夾層布①	41×24cm	1
c裡袋夾層布②	41×20cm	1
d後裡袋身（電腦夾層）	紙型G2	1
e拉桿擋布夾層	23.5×7.5cm	1

其它配件：3V定吋塑鋼拉鍊20cm×2條、5V定吋塑鋼拉鍊35cm×1條、磁釦×3組、皮標×1組、2.5×4.5cm黏扣帶×1組、2.5cm人字帶約2尺、厚膠板約10×36cm（底板用）×1片、拉鍊飾尾片×1組、提把×1組、袋口連接扣×1組、擋布裝飾蝴蝶結×1組（若無可免）。

Profile
紅豆・林敬惠

師承一個小袋子工作室-李依宸老師，從基礎到包款打版，注重細節與實作應用，開啟了手作包創作的任意門。愛玩手作，恣意揮灑著一份熱情與天馬行空的創意，著迷於完成作品時的那一份感動，樂此不疲！
2013年起不定期受邀為《Cotton Life 玩布生活》手作雜誌，主題作品設計與示範教學。
2018年與李依宸合著《1＋1幸福成雙手作包》一書。

紅豆私房手作

部落格：http://redbean5858.pixnet.net/blog
FB 搜尋：林紅豆

8 接著再與表袋夾層中間片（C1）疏縫固定。

(背面)

9 取前表袋夾層左右片（C2），依摺子記號處先疏縫固定。共完成二片。

10 再將前表袋夾層左右片（C2）分別與表袋夾層中間片（C1）車縫組合（圓弧處需剪牙口），即完成前表袋夾層表布。

11 接著與表袋夾層裡布（B）正面相對，車縫袋口。並於圓弧處剪牙口。

4 翻回正面，沿袋口壓裝飾線。並疏縫另三邊將表、裡布固定。

5 前口袋袋蓋布（D1）表、裡布正面相對，車縫組合上方袋蓋處。縫份修小並於轉角處剪牙口。

6 翻回正面沿邊壓線，並疏縫另三邊將表、裡布固定。

7 將步驟4完成的前口袋，置於前一步驟完成的前口袋袋蓋布（裡）的上方，並疏縫固定。

製作前表袋

1 前口袋貼邊布（D2）與前口袋表布（D3）正面相對車縫，縫份倒向口袋布並沿邊壓線。

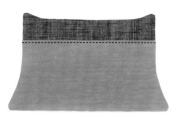

2 前口袋貼邊布（D2）與前口袋裡布（D3）正面相對車縫，縫份倒向口袋裡布並沿邊壓線。

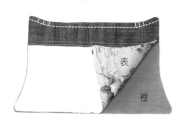

3 將前口袋表、裡布正面相對車縫袋口，並於弧度處剪牙口。

42

20 口袋布由開口處向後表袋身（A）背面拉出，縫份倒向口袋布，沿方框內兩長邊壓線。

16 將拉桿擋布疏縫固定於表袋夾層中間片（C1）距袋口4.5cm的位置上。

4.5cm

12 翻回正面沿邊壓線，並疏縫另三邊。

21 整理袋口後，將20cm的拉鍊置於方框下，沿框車縫固定。

17 接著再分別與後表袋左右片（C3）車縫組合，弧度處需剪牙口。

C3   C3

13 再與表袋身（A）疏縫固定，並於袋口中心安裝磁釦。即完成前表袋身。

A

❚製作後表袋身

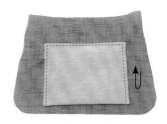

22 翻到背面，口袋布向上拗折對齊，車縫口袋布冂形邊。完成一字拉鍊口袋。

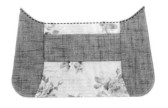

18 取一片表袋夾層裡布（B），正面相對車縫袋口。依步驟11～12完成後表袋夾層，並沿袋口壓線。

14 取拉桿擋布將短邊對摺（正面相對），車縫長邊。

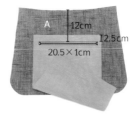

19 取口袋布①與後表袋身（A）正面相對，如圖示距袋口12cm的位置，畫出20.5×1cm的一字拉鍊框，並沿框車縫一圈固定後，於框內剪雙頭Y字線。

A   12cm   12.5cm   20.5×1cm

15 翻回正面，於中間塞入壓棉布（e），於二長邊壓線。

⬤組合表袋身

31 拉鍊口布起始的直角處縫份剪斜角。※請注意，拉鍊布容易鬚邊，不剪喔！

27 取表側身與步驟13完成的前表袋身正面相對車縫，圓弧處請剪牙口。中間袋底位置夾層比較厚，請放慢速度小心車縫組合。

23 再將步驟18完成的後表袋夾層，疏縫固定上去。並於袋口中心安裝磁釦，完成後表袋身。

⬤製作表側身

32 翻回正面，沿ㄇ形邊壓裝飾線。

28 另一側再與步驟23完成的後表袋身正面相對車縫，圓弧處請剪牙口，完成表袋身。

24 二片表側身（E）正面相對車縫，縫份倒向二側並沿邊壓線。

⬤製作袋口拉鍊口布

33 另一側拉鍊口布同上作法完成。並取拉鍊飾尾片包覆35cm拉鍊的尾端。

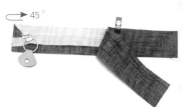

29 取二片拉鍊口布正面相對夾車35cm拉鍊，前端拉鍊布向後拗折45度。

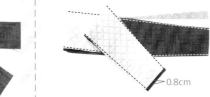

25 取一片側身壓棉布（a）與表側身疏縫固定，並將多餘的壓棉布剪掉。※請注意，二端縫份處扣除約0.8cm壓棉布。因為壓棉布有厚度，所以會扣除比縫份0.7cm再大一點。

⬤電腦防護夾層與網布分隔口袋

34 取網布分隔口袋布，上方以人字帶包覆並車縫固定。再與裡袋夾層布①疏縫固定。

30 拉鍊口布後端將縫份0.7cm向前折入。如圖車縫L邊。

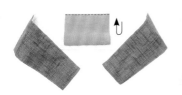

26 取底板夾層布長邊對折，短邊疏縫固定於表側身背面中心的位置。完成表側身。

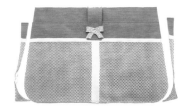

43 再將步驟38完成的後裡袋夾層布,疏縫至裡袋(G2)上,並依裡袋大小,將多餘的夾層布修掉。

39 取二片裡袋夾層擋布,正面相對車縫U形邊(如強力夾處)。

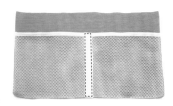

35 再取約20cm人字帶,上方拗折1cm包覆袋口,置於網布中心線,再沿著人字帶車縫ㄇ形分隔線。

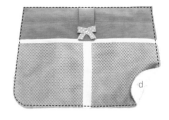

44 最後與壓棉布(d)疏縫固定。完成後裡袋身電腦夾層暨網布口袋。

0.5cm

40 縫份修小後,翻回正面壓線。並取4.5cm黏扣帶(毛面)車縫固定於擋布距邊緣0.5～1cm的中心位置。

36 接著與壓棉布(b)正面相對車縫組合袋口。

🔖夾層口袋與拉鍊口袋

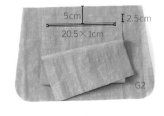

5cm 2.5cm
20.5×1cm
G2

45 取口袋布②與一條20cm拉鍊,於另一片裡袋(G2)如圖示距上方邊緣5cm位置,參考步驟19～22完成一字拉鍊口袋。

41 於擋布另一面釘上裝飾用蝴蝶結。(若無可免)

37 翻回正面後,沿邊壓線,並疏縫另三邊,固定夾層表、裡布。

46 完成一字拉鍊口袋後,取裡袋夾層布②與壓棉布(c)正面相對車縫組合袋口,依步驟36～37的作法,完成前裡袋夾層。並疏縫固定於裡袋上。

G2

42 取一片裡袋身(G2),將擋布置中於上方疏縫固定。

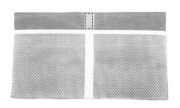

38 取4.5cm黏扣帶(磨面),車縫固定於夾層布上方置中位置。完成後裡袋夾層布備用。

組合表裡袋身

55 利用骨筆將表、裡側身的縫份攤開。※側身壓棉布的縫份可以利用捲針縫的方式固定，這樣袋型翻回正面時會更漂亮。

56 裡袋身與步驟28完成的表袋身正面相對，車縫袋口一圈。※請留意對應位置：前表袋身與前裡袋身相對，後表袋身與後裡袋身相對。

57 由返口翻回正面，整理袋型後於袋口壓線一圈。

58 於後表袋的拉桿擋布中心位置，釘上個人皮標。

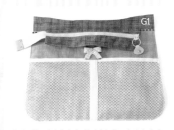

51 再與裡袋上貼邊（G1）夾車接合，縫份倒向裡袋身，正面沿邊壓裝飾線。

52 另一側作法亦同。

53 裡側身與後裡袋身正面相對車縫接合（如強力夾處），圓弧處需剪牙口。

54 另一側與前裡袋身接合，並於袋底預留20～25cm的返口，完成裡袋身。

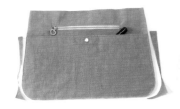

47 依裡袋大小，將多餘的夾層布修掉。並於袋口中心安裝磁釦，完成前裡袋身夾層口袋。※請注意，安裝磁釦時不要釘到後方的拉鍊口袋布。

製作裡側身

48 裡側身上貼邊（F1）與裡側身（F2），正面相對車縫，縫份倒向裡側身，沿邊壓線。共完成二側。

49 與壓棉布（a）疏縫固定，並將多餘的壓棉布剪掉，完成裡側身。※請注意，二端縫份處扣除約0.8cm壓棉布。因為壓棉布有厚度，所以會扣除比縫份0.7cm再大一點。

組合裡袋身

50 將步驟33完成的拉鍊口布置中疏縫固定於步驟44完成的後裡袋身（如強力夾處）。

59 於前口袋的相對應位置上安裝連接扣。※請依實際使用素材調整對應位置。

剪圓角

剪圓角

60 由返口置入厚膠板（四邊剪圓角）於底板夾層布中，並縫合返口。※因側身有加壓棉布，厚度增加，故厚膠板的寬度，請依實際狀況修剪至適當大小後再置入。

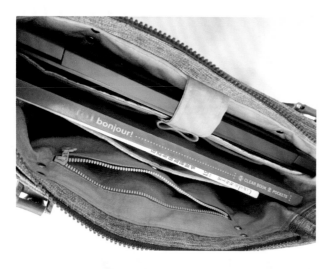

61 於袋口中心左右約距10cm，安裝上提把。即完成囉！

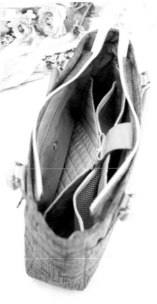

自然感手染公事包

自然而成的染布花紋，如同鄰家大男孩般讓人感覺溫柔爽朗，相處起來愉快舒心。包款的前方擁有大開口的拉鍊口袋，包包可放置13吋的筆電，擁有大容量的設計，包後方可以插在行李箱桿上，出差工作輕鬆又便利。

製作示範／邱如慧（安柏）　編輯／Forig　成品攝影／詹建華
完成尺寸／寬38cm×高28cm×底寬10cm
難易度／

Materials 紙型Ⓐ面

用布量：帆布3尺、圖案布2尺、裡布4尺。

裁布：

表（帆布）

前片	依紙型	1	厚布襯
後片	依紙型	1	厚布襯
上方拉鍊口布	60×4cm	2	厚布襯
下方底袋布	70×10cm	1	厚布襯

表（圖案布）

前口袋表布	依紙型	1	厚布襯
後口袋	24×30cm	1	厚布襯

裡布

前口袋裡布	依紙型	1	厚布襯
後口袋	24×30cm	1	厚布襯
拉鍊口布	60×4cm	2	鋪棉
袋底	70×10cm	1	鋪棉
包內主布	依紙型	2	鋪棉
包內夾層口袋	38×46cm（對折）	1	鋪棉38×23cm

其它配件：皮標×1個、拉鍊（後插口18cm×1條、前口袋50cm×1條、主體包60cm×1條）、黑色織帶（前片60cm、後片160cm）、包邊條140cm長×2條。

※以上紙型、數字尺寸皆不含縫份，請外加縫份0.7cm。

Profile

邱如慧／安柏

屏東大學文化創意產業研究所。
隨筆畫自己想要的背包，選擇自己喜歡的布調，踩著裁縫車，喜歡手作與研究自造者 /Maker 樂趣的個人工作室。
FB 搜尋：【柏樂製作所】
工作室：屏東市林森路 46-1 號 2 樓 （職人町）

How To Make

▌製作後插拉鍊口袋

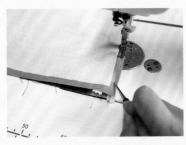

1 取表後口袋與18cm拉鍊正面相對,上方車縫。

返口

8 將車好的後口袋,放置在紙型標示口袋處,車縫左右側固定。

5 再翻至背面,車縫兩側,一側預留返口。

2 再取後口袋裡布對齊,形成夾車拉鍊。

▌製作前拉鍊口袋

6 由返口翻出裡布正面,並手縫藏針縫固定。

3 將表裡後口袋布對折夾車另一邊拉鍊。

9 取表前口袋和50cm拉鍊,將拉鍊沿著止縫點上對齊,遇弧度處剪牙口,較好齊邊。可先疏縫固定。

7 取160cm的織帶放置在後片上,依紙型位置擺放織帶,並沿邊至止縫處車縫ㄇ字型固定。

4 翻回正面,沿邊壓線固定。

♦製作包內夾層口袋

16 取包內夾層口袋對折,正面折雙處壓線,擺放在內主布上,三邊疏縫固定。

17 將表前片與裡主布背面相對,四周對齊車縫固定。

18 表後片與另一片裡主布同作法車縫四周。

♦製作拉鍊口布與袋底

19 取表裡拉鍊口布夾車60cm拉鍊。

13 兩邊轉角處折成L型上轉彎處車縫。

14 取60cm織帶,兩端返折3cm,依紙型標示位置放上織帶。

15 並在織帶兩端交叉車縫固定。

10 再取前口袋裡布,正面相對並覆蓋對齊,夾車拉鍊後翻回正面。

11 將表前片依紙型標示處放置前拉鍊口袋,並畫記中心線,下方與兩側對齊疏縫固定。

12 另一邊拉鍊對齊好前片標示位置,直線處先車縫固定。

27 另一邊縫份同作法完成包邊。

組合袋身

23 將前片與步驟22的側身正面相對，沿邊對齊用強力夾暫固定。

20 翻回正面，沿拉鍊邊壓線，同作法完成另一邊拉鍊。

28 翻回正面整理袋型，依喜好位置縫上皮標片即完成。

24 再車縫一圈。

21 取表裡袋底夾車拉鍊口布兩短邊，側面接合。

25 側身另一邊與後片正面相對，同作法車縫一圈。

22 翻回正面，壓線固定，完成左右邊。

26 縫份用包邊條車縫一圈，進行包邊處理。

52

簡約時尚提包

簡單的外觀線條，用出芽設計勾勒出包型，前後拉鍊口袋為包款增加實用性與裝飾性，帶出時尚的簡約感，整體大方有型。運用不同色彩製作，不論男女都適合，是一款不可或缺的百搭包款！

製作示範／Jing Chen・靖
編輯／Forig　成品攝影／詹建華
完成尺寸／寬40cm×高30cm（不含提把）×底寬7.5cm
難易度／◆◆◆◆

Materials 紙型 Ⓑ 面

用布量：表布2尺、裡布4尺。

裁布與燙襯：
※以下版型、數字尺寸皆已含縫份0.7cm。

表布（皮革布）

主袋身	紙型	1	含縫份特殊襯
後袋身上片	紙型	1	含縫份特殊襯
後袋身下片	紙型	1	含縫份特殊襯
上側身（長片）	65.7×5.25cm	2	含縫份特殊襯
上側身（短片）	15.7×5.25cm	2	含縫份特殊襯
下側身	49×9cm	1	含縫份特殊襯
側身擋布	4×6cm	2	
拉鍊擋布	5×3.2cm	2	
前立體口袋	紙型	1	含縫份特殊襯
前立體口袋上側身	54×4.5cm	1	含縫份特殊襯
前立體口袋下側身	37×8cm	1	含縫份特殊襯

裡布（尼龍布）

主袋身	紙型	2	
後袋身下片	紙型	2	
上側身（長片）	65.7×5.25cm	2	
上側身（短片）	15.7×5.25cm	2	
下側身	49×9cm	1	
拉鍊擋布	5×3.2cm	6	
前立體口袋	紙型	1	
後袋身內口袋布	32×14.5cm	2	
內口袋布	42×22cm	4	
內袋左右擋布	13×30cm	2	含縫份特殊襯

其它配件：
5V碼裝拉鍊（73.5cm×1條、54cm×1條、34.5cm×1條）、拉鍊頭×4個、手提把×1對、2.5cm出芽條（130cm×2條、95cm×1條、32cm×1條）、2.5mm出芽管（130cm×2條、95cm×1條）、3mm EVA墊（約30×18cm×1片、38×20cm×2片）、2cm D型環×2個、3.8cm龍蝦鉤×2個、3.8cm日型環×1個、3.8cm織帶×5尺、10mm蘑菇釘×8個。

靖 **Profile**
Jing Chen · 靖

因為好奇而接觸手作，卻也因此愛上手作的溫度。一路上遇到許多貴人的指導與鼓勵，家人的支持更是我最大的動力，期許自己的作品可以為大家帶來更多的幸福感！

Jsh 靖的幸福窩

地址：新北市三重區中正北路 194 號 2 樓
FB 搜尋：Jsh 靖的幸福窩

製作後袋身拉鍊口袋

9 將車好內口袋的後袋身下片裡布擺放在表布後方，對齊另一側拉鍊車縫固定。

5 將內口袋置中擺放至後袋身裡布下方往上3cm處，車縫中心線。

1 將73.5cm拉鍊兩端車縫表裡拉鍊擋布、34.5cm拉鍊兩端車縫上4片裡布擋布。※拉鍊兩端皆須先拔拉鍊齒0.7cm。

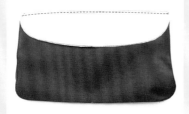

10 將表布往上翻開所呈現的示意圖。

6 將口袋中間畫好的2cm折出山線，對齊中心線後，車縫凵型固定。

2 取後袋身內口袋布裡布2片正面相對車縫凵型。

11 取後袋身上片表布與完成的後袋身下片正面相對車合。

7 取後袋身下片表布與裡布夾車34.5cm已車好擋布的拉鍊。

3 翻正後四周壓線一圈，再將32cm包邊條與口袋布開口處正面相對車縫固定。

12 翻至正面後將左右下三邊對齊好車縫0.2cm固定。

8 夾車好拉鍊後翻至正面壓線0.2cm。拿出步驟6完成的另一片後袋身下片裡布準備車縫。

4 包邊條翻折至背面壓臨邊線固定。將完成的內口袋中心線畫出，左右2cm處再各畫一條線。

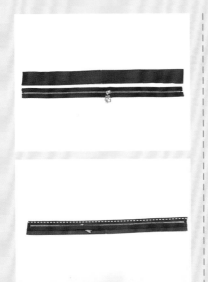

製作側身

16 將車合好的上側身表裡布夾車已經車好擋布的73.5cm拉鍊，此時有擋布D型環的的部份要分別在左右兩側。

13 取側身擋布兩邊往中心折入1cm後左右壓線，並將2cm D型環套入後車縫固定。

20 取54cm拉鍊左右拔好0.7cm拉鍊齒後，與表立體口袋上側身正面相對車縫0.7cm。

17 夾車好拉鍊後翻回正面，四周壓線一圈，準備下側身表裡布夾車上側身兩邊。

14 取表上側身（長片），一邊車縫上往外突出0.5cm的側身擋布D環。

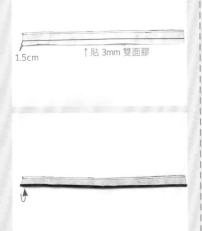

1.5cm ↑貼3mm雙面膠

18 車縫好形成一圈狀即完成側身。

製作前立體口袋

21 翻至背面，畫出一道1.5cm記號線，沿邊貼上3mm水溶性雙面膠後，對齊1.5cm記號線折入。

19 將出芽條包車出芽管後備用。取約95cm出芽條車縫在表前立體口袋四周，弧度剪牙口。

15 再取表上側身（短片）正面相對夾車，翻回正面後縫份倒向上側身（短），並壓線固定。也將裡布上側身長短片接合後，壓線固定（裡布的縫份倒向長片）。

56

28 翻正後從返口處塞入一片 30×18cm的EVA墊（有紙型），並將返口藏針縫合。

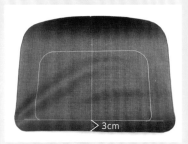

> 3cm

29 取表主袋身，下方往上3cm處依紙型畫出前立體口袋的位置。

30 將前立體口袋對齊好沿邊車縫固定。

🔻製作裡袋身內口袋

31 取內袋左右擋布疏縫特殊襯，並正面相對車縫。

25 翻正後兩邊壓線固定，開口處疏縫，形成一圈狀。

26 將完成的立體口袋側身與車好出芽條的前立體口袋正面相對車縫固定。※注意開合方向。

27 取前立體口袋的裡布蓋上，與表布正面相對車縫一圈，下方記得留返口。

22 折黏好後，再翻折至拉鍊背面0.7cm位置對齊，正面沿邊壓線固定。

23 取表立體口袋下側身，將上側身拉鍊布對齊下側身一長邊，左右疏縫固定。

24 再將下側身對折後，一起夾車拉鍊的左右邊。

▌組合袋身

38 將完成的前後袋身都車縫上出芽條。

35 取主袋身裡布,下方往上2cm處放上內口袋,下方壓線固定。

32 翻正後四周壓線,接著對折將中心折出後,再壓一道線。共完成2個。

39 再將側身與前袋身正面相對,四周對齊好車縫固定。

36 將內口袋超出袋身的兩側修剪掉,並疏縫固定。共完成2組。

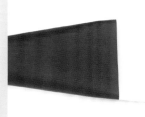

33 取內口袋布兩兩一組,正面相對車縫上下邊。

40 取有車上擋布的裡袋身與上一步驟正面相對蓋上,對齊前袋身那邊車縫一圈,下方要留25cm返口。

37 再將內袋左右擋布對齊兩側邊下方往上3cm處車縫固定。

34 翻正後將38×20cm的EVA墊塞入後壓線一圈。共完成2個。

41 翻正後的背面示意圖。

46 翻回正面將袋型整理好，釘上裝飾皮片和提把（中心往左右各9cm）後即完成。

47 可依需求裝上斜背帶。

42 將後袋身與側身另一邊正面相對車縫一圈固定。

43 翻至前袋身裡布那一面，取另一面袋身裡布蓋上。

44 左右擋布的另一邊與袋身裡布正面相對，袋身裡布兩側邊下方往上3cm處車縫固定。

45 最後，將袋身通通塞入後，後袋身裡布也與後袋身表布對齊車縫，下方的返口留約25-30cm。

打版進階 6
橢圓袋身造型包款

解說文／凌婉芬　編輯／Forig　成品攝影／林宗億
示範尺寸／寬 23cm × 高 15cm × 底寬 6cm
難易度／◆◆◆◆

Profile

淩婉芬

原從事廣告行銷企劃工作，土木工程畢業。在一次因緣際會下接觸拼布畫與拼布包，便一頭栽進布的世界裡。由於包包創作實在太有趣，因此開始研究各種包款的版型，進而創立一套比較有系統的版型規劃方式。目前從事網路教學，舉凡包包製作、版型規畫、手工書、拼貼、手工皮件等均為教學範圍。

著作：帶你輕鬆打版。快樂作包
　　　打版必學！同版雙包大解密

布同凡饗的手作花園
http://mia1208.pixnet.net/blog
email：joyce12088@gmail.com

一、說明：

本單元示範為橢圓全封口包款，利用基本的圓形概念加上基本打版方式，設計出橢圓形包款，再運用袋身版型作出前袋蓋的設計；讓普通的橢圓包也有設計感。包款的尺寸大小則可依照個人喜好的方式來設計；打版所需常見工具或常識，以及基本公式等，請參照打版入門（一）～（十一）。

二、包款範例：

示範包款尺寸：寬23cm×高15cm×底寬6cm
◎尺寸算法可參照打版入門或設計成自己喜歡或需要的大小。
◎背帶寬度與長度視個人使用習慣即可，沒有固定的算法。

三、繪製袋身版：

①根據已知的尺寸大小先畫出外框

②畫出袋身版上十字中心線，預留平行中心線上下各0.5cm的直線段及垂直中心線左右各3cm的直線段。

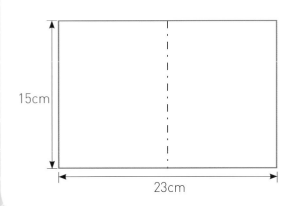

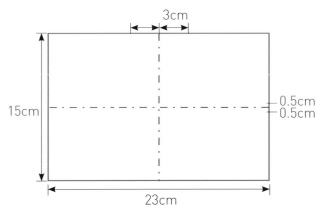

③利用橢圓版或弧形尺規繪製喜歡的弧度樣式（當然也可以使用圓規）

　範例為使用弧形尺規，弧長為12cm（藍色弧線段）

　距離垂直中心線左右各3cm，平行中心線上下各0.5cm

　繪製出一左右對稱＆上下對稱的橢圓。

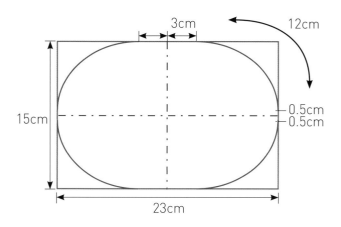

【說明】

範例不使用圓規或圈圈版，是因為此為較長型的橢圓，弧度勢必會比較狹長，因此不適合使用圓規繪製；故而改用橢圓版或曲線尺規。

但不建議隨意畫一個弧線段（如果使用電腦軟體就沒問題，會比較好量測長度）；因此還是使用有尺規刻度的弧線版繪製較好喔！

袋身版型

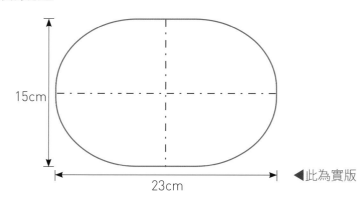

此為實版 ◀

【說明】

版型對稱可只畫1/2版型（範例為上下對稱及左右對稱），因此可畫左右或是上下的1/2版型（隨個人習慣）。

④制定袋底

（袋底）

（側身）

※由於是一個封口型的包款，制定袋底時須注意側身與需要拉鍊的部分長度，

此部分整個長度計算如下→

袋身周長：（12+3+0.5）×4＝62cm（一整個周圍的長度）

這邊就可以拆成底＋2片側身＋拉鍊開口＝62cm

可以先制定底的長度，範例為6×18cm

（也可以更寬更長或是更窄更短，袋底的設計可依個人喜好決定）

袋底版型

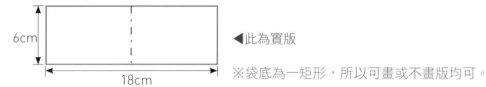

◀此為實版

※袋底為一矩形，所以可畫或不畫版均可。

⑤決定側身版及袋口拉鍊長度

袋身周長為62cm，扣除底長18＝44cm

範例包上方周長到中心水平位置長度則為31cm（有點開太多），

而拉鍊如不想開到水平中心位置，可以再往上調一點（可參考現有拉鍊長度來決定）

因此我們使用10吋的拉鍊（25.4cm），可設定使用長度26cm比較好裁剪。

A.袋底底寬為6cm，故側身底寬＝6cm

B.袋身周長再扣除拉鍊長度＝44－26＝18cm（表示一邊的側身高度為9cm）

C.範例側身設計為漸縮式，下寬上窄型，即拉鍊口布寬度為4cm（同樣可依照個人喜好或習慣決定）

→可直接決定口布的寬度及長度為1.5×26cm（此為實際尺寸）

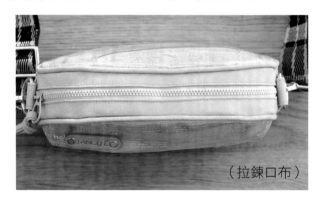

（拉鍊口布）

側身版型

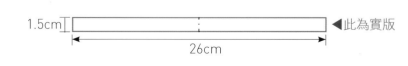

拉鍊口布版型

◀此為實版

◎說明：版型對稱可只畫1/2版型。　　　　※拉鍊口布為一矩形，所以可畫或不畫版均可。

63　CottonLife·玩布生活

⑥美化表袋身，制定前袋蓋及前口袋
其實，到此為止；就算已經完全畫出整個版型，
而第六點的設計可以讓整體袋型看起來更美觀，不做此設計也可以。

範例前袋蓋及口袋：

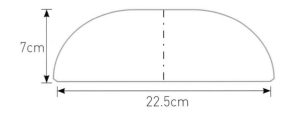

→由範例得知袋蓋如照片
因此以袋身為底來畫（如下綠線的部分）

【説明】
袋蓋的位置線可隨個人喜好決定。
範例為距離平行中心線向上0.5cm（可自行決定）
兩側同樣可自行決定（範例綠線範圍為袋蓋）

前袋蓋版型

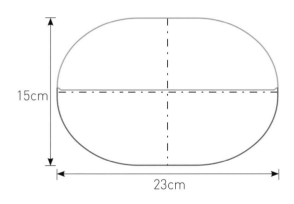

◀此為實版

◎説明：版型對稱可只畫1/2版型。

⑦前口袋位置

前口袋為一個平面袋，袋蓋高度為7cm

→表示前口袋的拉鍊位置較其為上

因此也可以用袋身版當作底畫出拉鍊位置即可

繪出前口袋位置如下藍色線，

距離平行中行位置上方約1.5cm處（這邊同樣可依照個人喜好設計）

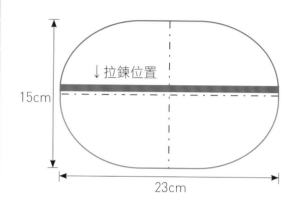

15cm

↓拉鍊位置

23cm

前口袋版

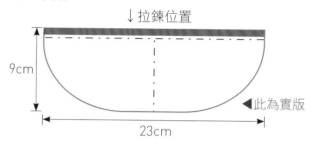

↓拉鍊位置

9cm

◀此為實版

23cm

由於前口袋寬度為23cm（但前口袋拉鍊可←23cm）

這邊就視個人需求使用（範例使用8吋拉鍊）

⑧從頭再核算一次所有相關的數據→製作包包

☆同樣的橢圓袋身變化款

▲前袋利用摺子的方式製作，那麼需要注意甚麼呢？可以思考看看喔！

四、問題。思考：

（1）如變化款的前袋摺子在設計時，袋身版會怎麼樣？

（2）袋底變大或變小會有甚麼改變？

（3）範例中的側身版上部如果想作摺子，會有怎樣的改變？

（4）如果作成雙層呢？應該怎麼設計裡袋版？

（5）拉鍊口布與最寬處等寬會發生甚麼？或是不可行呢？

（6）袋底連結側身可以做成弧度變化嗎？或是不可行？

　　　→開始動手畫版型囉！

NEXT

進階打版（七）

PANDAEYES handmade
來自馬來西亞的可愛手作娃娃

　　打造PANDAEYES handmade手作娃娃品牌的是一位來自馬來西亞的七年級大男孩－何文毅。原本在馬來西亞做設計師的工作，一成不變卻又忙碌的生活讓他喘不過氣，於是有了逃離舒適圈的想法。平時自己很喜歡手作，也有了人生第一台縫紉機，想著那就來做娃娃吧！一動手下去總是做到三更半夜，隔天臉上多了厚厚的黑眼圈，於是2005年，"黑眼圈"這個品牌誕生了！

成立個人品牌的心路歷程？

　　在當時，馬來西亞的手作風氣並不發達，市集更是寥寥可數。材料都不好取得，更不要說介紹娃娃給人認識了，所以他在世界各地跑透透，不管多小的市集都參加，只因不想錯過展示自己作品的機會。

過程中有經歷過什麼挫折嗎？

　　跳離舒適圈真的是痛苦的挑戰。他苦笑，與自己同年級的朋友，有著穩定的事業及家庭，自己每天做手作到三更半夜才夠維持生計。加上一個大男生做娃娃，在很多人看來不實際，感覺自己的努力不被認同。有時會有念頭問自己還能堅持下去嗎？但面對自己熱愛的事，他不想放棄，繼續用創作來證明一切。

娃娃的創作靈感來源是怎麼來的呢？

　　"黑娃"是以鄉村娃娃為雛形做設計，融入了自己喜愛的卡通風格。靈感都來自於生活小事以及自己喜愛的事物，要別人喜歡前，自己必須喜歡。

　　他很喜歡動物，漫畫以及電影，所以黑娃都有一些電影漫畫的元素，例如：龍貓、哥吉拉、無牙阿仔娃娃（迷你版）。有時真的想不出靈感時，他就會在紙上想到什麼就畫什麼，再從中整理出創作項目。

有規劃來台灣開班授課嗎？

　　會的，臺灣朋友都很熱情，手作風氣很盛行，一直都是他嚮往的地方。

　　2017年在一些喜歡黑眼圈的朋友邀約下，除了參加市集，也有幾場分享會。未來打算每年的秋冬兩季都會來，跟大家分享他的手作黑娃。

FB搜尋：PANDAEYES handmade

經典壓紋包款

素色或簡單圖案的布加上車壓紋後，

會因為突顯的立體感而使包款更具特色！

製作示範／賴佳君（檸檬媽）
編輯／Forig　成品攝影／蕭維剛
示範作品尺寸／寬 25cm× 高 27cm× 底寬 8.5cm
難易度／★★★★

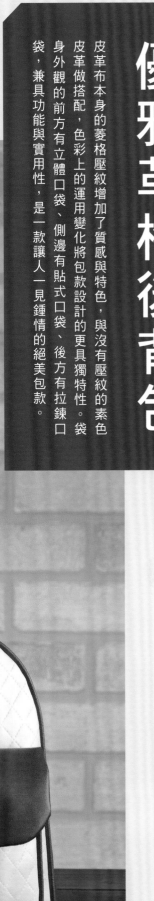

優雅革格後背包

皮革布本身的菱格壓紋增加了質感與特色，與沒有壓紋的素色皮革做搭配，色彩上的運用變化將包款設計的更具獨特性。袋身外觀的前方有立體口袋、側邊有貼式口袋、後方有拉鍊口袋，兼具功能與實用性，是一款讓人一見鍾情的絕美包款。

Profile

檸檬媽

檸檬媽秉持著對手作的熱忱，不斷學習及嘗試不同素材，也常因為女兒的想法激出更多火花讓作品更豐富更有溫度呢！

從第一個用古董針車自學布包開始，到現在自己可以打版出布，每個階段都是刻苦銘心，學習過程中也默默成立了新創故事布品牌 LemonMa，未來將持續創作設計結合手工藝，與更多夥伴們一同開心玩手作。

粉專網址：https://www.facebook.com/GoosFab/
社團名稱：**LemonMa 手作星球**

MATERIALS

用布量：

表布：菱格紋 2 尺／棕色合成皮 2 尺、**裡布**：防潑水素色尼龍布 1 碼、**圖案布**：1 尺、**化纖布**：1 尺、**皮革補強襯**：1 碼、**3mm EVA 泡棉軟墊**：2 尺。

其它配件：

2cm 龍蝦釦 ×4 個、內徑 2.5cm 三角釦 ×3 個、5v 金屬雙頭碼裝拉鍊共 63cm 長、5v 拉鍊頭 ×3 個、拉鍊上／下止 ×1 組、高級五金轉鎖 ×1 個、2×9cm 橢圓型皮片 ×4 個、腳釘 ×4 個、8×8mm 固定釦 ×18 個、6×6mm 固定釦 ×2 個（手作標左右各 1）、1.8cm 皮革背帶（100cm 長 ×2 條、26cm 長 ×1 條）、2.5cm 合成皮包邊條 325cm 長、3mm 出芽塑膠軟管 280cm 長、內徑 2cm 日型環 ×2 個、內徑 2cm 口型環 ×2 個、皮革合金手作標 ×1 個、6 吋定吋拉鍊 ×1 條、4cm 斜布紋包邊條（72cm 長 ×1 條、23cm 長 ×2 條）、2.5×5.5cm 長形皮片 ×3 個。

特殊材料、工具：水溶性雙面膠 ×1 個、防沾黏鐵氟龍剪刀 ×1 把。

※ 以上紙型為實版，縫份請外加 0.7cm；數字尺寸已含縫份 0.7cm。
※ 後方數字為直布紋。

裁布與燙襯：

紙型 **D** 面

部位名稱	尺寸	數量	燙襯建議／備註
表布／菱格紋			
前表袋身	紙型 C	1	貼皮革補強襯
前表口袋	紙型 A2	1	貼皮革補強襯
前表口袋側身布	3.5×50cm	1	
前拉鍊口布	紙型 B2	1	貼皮革補強襯
下側身	紙型 B3	2	貼皮革補強襯
後袋身下片	紙型 D2	1	貼皮革補強襯
表布／棕色合成皮			
前口袋袋蓋	紙型 A1	1	貼皮革補強襯
後拉鍊口布	紙型 B1	1	貼皮革補強襯
側身口袋	紙型 B4	2	正反各 1
後袋身上片	紙型 D1	1	
袋底	紙型 E	1	貼皮革補強襯
表布／圖案布			
貼式口袋	18.5×42cm	1	
表布／化纖布			
單邊拉鍊口袋	20.5×37cm	1	
裡布／尼龍布			
前口袋袋蓋	版型 A1	1	
前裡口袋	版型 A2	1	
前口袋側身布	3.5×50cm	1	
前後袋身	版型 C	2	
前拉鍊口布	版型 B2	1	
後拉鍊口布	版型 B1	1	
下側身	版型 B3	2	
側身口袋	版型 B4	2	正反各 1
貼式口袋	18.5×42cm	1	
袋底	版型 E	1	

09 取表、裡側身口袋 B4 正面相對車縫ㄇ型，留一長邊不車縫，轉角縫份需剪斜角（紅筆記號處）。

10 翻回正面，可先利用錐子將凹陷處挑出直角，再將長邊開口處疏縫固定。

11 將側身口袋與前口袋表布正面相對，沿邊對齊好疏縫固定，車縫時遇轉彎處需剪牙口。

12 翻回正面，正面中心點距袋口 4.5cm 處安裝五金轉鎖轉釦。

製作前口袋袋身

05 取 2.5cm 皮革包邊條 52cm 長，夾入 3mm 透明塑膠管車縫。

06 將塑膠管向下拉，並將前端凹摺如圖示。

07 將表、裡前口袋袋身 A2 正面相對，將上方袋口處車縫。

08 包邊條斜角距表袋口 1cm 處車縫固定，兩側需等高，再將多餘的包邊條與塑膠條剪掉。

製作前口袋袋蓋

01 將表前口袋袋蓋 A1 背面黏貼上比實版小 0.1-0.2cm 的皮革補強襯。
※ 注意：因皮革補強襯黏性很強，若剪裁皮革補強襯時建議使用防沾黏剪刀。

02 取裡布正面相對，車縫一圈，並在上方直線處留返口。

03 四邊弧度處縫份修剪出牙口。

04 由返口處翻回正面，中間做好記號並安裝五金轉鎖底座。上方返口處先用雙面膠黏合，完成袋蓋備用。

21 再取表裡前拉鍊口布 B2 正面相對，夾車另一邊拉鍊。

17 取前口袋對齊黏貼好，以壓臨邊線的方式車縫固定，並將袋蓋往下翻扣合。

13 將前口袋裡布翻下來與表布夾車側身口袋，下方需留 9cm 返口。

22 翻回正面後沿拉鍊邊壓線 0.2cm 固定，再將 2 個拉鍊頭由兩邊分別裝進拉鍊。

1.5cm

18 取寬 2.5cm× 長 73cm 包邊條，夾入 3mm 塑膠軟管，前表袋身左右距底部 1.5cm 處做記號，從底部沿邊車縫出芽條，並將手作皮革標固定在喜好位置。

14 車縫好如圖示。

23 取表裡下側身口袋 B4 正面相對，車縫上方的弧度邊。並修剪上方弧度縫份的牙口。

製作側身

19 取表裡後拉鍊口布 B1 正面相對，夾車 44cm 長金屬雙向碼裝拉鍊。

15 由返口翻至正面，再將 EVA 軟墊依紙型 A2 往內修小 0.3cm 由返口置入，最後將返口以對針縫縫合。

24 翻至正面，先將弧度邊壓線 0.2cm，再將下側身口袋放在表下側身 B3 上方，疏縫三邊（強力夾固定處）。

20 翻至正面，沿拉鍊邊壓線 0.2cm。

16 將製作好的袋蓋如圖擺放，上方弧度處對齊前表袋身 C 左右兩邊，下方車縫兩道固定袋蓋，並將口袋處用雙面膠依指定位置黏貼做好記號。

33 取後袋身下片 D2 與 15.5cm 拉鍊正面相對，上方對齊疏縫固定。

34 將 20.5×37cm 單邊拉鍊口袋布正面朝下夾車拉鍊。

35 左右兩邊直角處需剪斜角。

組合前袋身

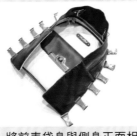

29 將前表袋身與側身正面相對車縫固定。

30 取前表袋身裡布正面向下對齊表袋身，依強力夾處車縫固定。

31 翻回正面示意圖。

製作後表袋身

⊢—— 15.5cm ——⊣

32 剪一段 5V 金屬碼裝拉鍊 18.5cm，拔掉前後各 7-8 顆齒後套入拉鍊頭並安裝上止 2 顆、下止 1 顆。
※ 注意：上止到下止實際長度為 15.5cm。

25 完成兩片下側身（左右各 1）。

26 將下側身表裡布正面相對夾車拉鍊口布（步驟 22）。

27 翻至正面沿邊壓線。

1.5cm
10cm

28 並依指定位置（距 B1 左右 10cm 及上方 1.5cm 處），將皮片穿入口型環對摺後固定在後拉鍊口布上，兩長邊疏縫固定。

44 將 1 個三角釦車縫在後袋身上方中心位置,另 2 個三角釦距下方兩側往內 2cm 處車縫固定。

2cm　　　2cm

45 每個三角釦皮片各釘上 2 顆固定釦,並將後袋身沿邊車縫好出芽包邊條固定。(參考步驟18)

製作貼式包邊口袋

46 取表裡貼式口袋布正面相對,夾車 6 吋定吋拉鍊。

47 翻回正面,沿邊壓線 0.2cm固定。

40 取後袋身上片 D1 與後袋身下片,上方拉鍊處正面相對車縫固定。

41 縫份倒向後袋身上片,正面壓線 0.2cm,完成單邊一字拉鍊口袋。

42 取長形皮片套入內徑 2.5cm三角釦車縫上下兩邊固定,下方墊白紙以減少皮革摩擦,車縫好再將白紙撕掉。

43 同上作法完成 3 個三角釦背帶固定片。

36 將拉鍊口袋布翻到背面,整理袋口拉鍊框,並將兩端強力夾處疏縫固定一小段。

37 兩端疏縫後如圖示,並沿拉鍊邊框壓線固定。

38 翻到背面,將拉鍊口袋布往上摺對齊另一邊拉鍊。

39 上方疏縫固定,再車縫後方拉鍊口袋布三邊。

56 再取裡後袋身與表後袋身正面相對，對齊好用強力夾固定並車縫。

（正面）

52 將包邊條往後翻摺包住布邊。

48 再將表裡貼式口袋上摺，正面相對夾車另一邊拉鍊。

57 將底部疏縫一圈，後表袋身處留 10cm 返口，由返口處置入比紙型 C 小 0.3cm 的 EVA 軟墊，再將返口疏縫起來。

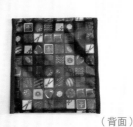

（背面）

53 背面以手縫方式縫合，完成兩側包邊。

49 拉鍊拉開翻至正面，壓線0.2cm 固定。

製作底部與結合主袋身

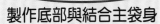

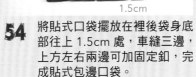

1.5cm

54 將貼式口袋擺放在裡後袋身底部往上 1.5cm 處，車縫三邊，上方左右兩邊可加固定釦，完成貼式包邊口袋。

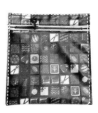

50 將上方車縫，左右兩邊疏縫固定。

組合後袋身

55 將步驟 31 側身另一邊與表後袋身正面相對，沿邊對齊車縫固定。

51 取寬 4cm× 長 23cm 包邊條先將兩長邊往中心摺燙好，並將短邊內摺 1cm 車縫固定。再如圖示對齊貼式口袋邊，依摺痕車縫，下方預留 1cm 內摺，多餘包邊條剪掉。

58 取表袋底 E，依紙型做出記號點與合印點並安裝 4 個腳釘。
※注意：裁 1 片比袋底小0.3cm 的 EVA 軟墊，對齊好用腳釘一起固定住。

製作手把與背帶

67 再回穿入日型環內收尾，強力夾處使用固定釦固定。

6cm
1.5cm

63 取寬 1.8cm 皮革條 26cm 長，距左右各 1.5cm 及 6cm 處使用打洞器（或丸斬）打出 4 個洞。

59 再取裡袋底與表袋底背面相對，疏縫一圈固定。

68 背帶完成，共需 2 條。

64 將皮革條穿入後拉鍊口布的日型環對摺，釘上固定釦。

60 取寬 2.5cm × 長 73cm 包邊條夾入 3mm 塑膠軟管，並沿著袋底邊車縫一圈，遇轉彎處剪牙口，弧度較順。

69 將背帶龍蝦釦鉤在三角釦上即完成。

65 取橢圓型皮片穿入龍蝦釦後對摺，再將 100cm 皮革條置入皮片內，並使用 8×8mm 固定釦固定，共完成 2 條。

61 將袋底與袋身底部正面相對，對上做好的記號點，四邊轉彎處的合印點先車縫或手縫固定，再整圈車縫固定。

66 皮革條另一端先套入日型環再套入龍蝦釦。

62 可先翻回正面檢查是否有車縫好，確定車好後縫份用包邊條收尾。（參考步驟 51~53）

製作示範／蔡愛琳
編輯／Forig　成品攝影／詹建華
示範作品尺寸／寬 33cm× 高 26cm× 底寬 12cm
難易度／🕯️ 🕯️ 🕯️

意象波浪紋肩背包

用牛仔布創作可以隨心所欲、簡簡單單，盡情享受手作的樂趣，波浪壓紋能表現出自由和無限想像的意象，讓我們的心毫無設限的跟著一起飛揚吧！

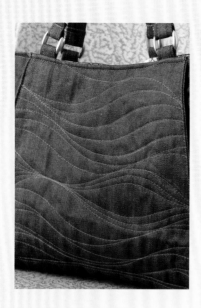

Profile

蔡愛琳

從小熱愛縫紉與編織，一直熱衷學習與成長，
熱愛手作永不間斷，無論遇到什麼困難，繼續永往直前。
學歷：能仁家商服裝科畢
證照：女裝甲乙丙級、電繡丙級
經歷：龍潭女子監獄 娃衣編織班講師
　　　崇右技術學院時尚造型科講師

Ailin 手作工坊
桃園市楊梅區裕榮路 180 巷 1 弄 28 號
03-4201914　0911303407

MATERIALS

用布量：牛仔布約 2 尺、裡布約 1 碼、鋪棉約 40×34cm。　　紙型 **C** 面

裁布與燙襯：

部位名稱	尺寸	數量	燙襯參考 / 備註
牛仔布			
袋身	紙型	2	1 片鋪棉後裁剪
側身	紙型	2	
後片貼袋布	20.5×18.5cm	1	
袋底布	34.5×14cm	1	
磁釦固定片	6.5×5cm	2	
提把布	6×60cm	2	
口型環布	6×20cm	1	
裡布			
袋身	紙型	2	
側身	紙型	2	
袋底布	34.5×14cm	1	
底板布	34.5×26cm	1	
拉鍊口袋布	24×35cm	1	
貼式口袋布	37×18cm	1	有紙型標示折線

其它配件：

8 吋拉鍊 ×1 條、2.5cm 口型環內徑 ×4 個、磁鐵釦 ×1 組、
EVA 發泡墊 31×11cm×1 片。

※ 以上紙型、數字尺寸皆已含 1cm 縫份。

製作表袋身

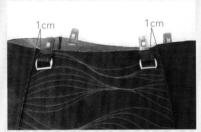

09 取提把布正面相對對折車縫0.5cm，將縫份燙開後翻回正面，接縫線移至中間整燙好，兩邊壓0.5cm裝飾線。再取口型環布同作法車縫，並剪成4段，分別套入口型環固定。

10 將口型環固定至袋身袋口兩側接線往內1cm處。

製作裡袋身

11 取裡袋身與裡側身接合至轉角處停，一側留返口。

12 取貼式口袋，可依紙型折線製作。※內袋可依各人需求製作口袋。

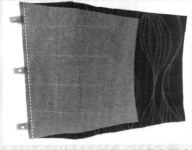

05 表袋底另一邊與表後袋身下方正面相對車縫。

06 翻回正面，縫份倒向袋底，沿邊0.5cm處壓車裝飾線固定。

07 取表側身與袋身兩側邊正面相對，對齊好車縫固定，轉彎弧度處打牙口。

08 表袋身翻回正面，接縫處壓0.2cm裝飾線，另一側同作法。

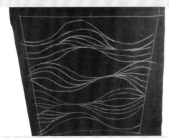

01 先取一塊約40×34cm的表布，依袋身紙型畫好輪廓線和自己喜歡的紋路，並標出中心點位置。※有附壓紋紙型。

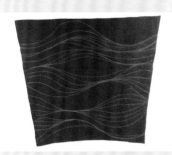

02 底下鋪棉後依所畫的紋路沿線壓車，壓好紋路後再依紙型裁剪，因壓線過程中怕表布尺寸會縮小，故先壓好線再裁剪較為精準。此為前袋身。

03 取後片貼袋布，袋口處先折2次並壓線，其他三邊縫份往另一方向折，並擺放在後袋身上，沿邊壓0.1cm和0.5cm裝飾線，後片依各人喜好可自行加鋪棉。

04 取表袋底與表前袋身下方正面相對車縫固定。

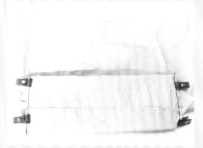

21 並固定在裡袋底，兩側對齊好車縫。

組合袋身

22 將表裡袋身正面相對套合，袋口處對齊好車縫一圈。

23 翻回正面，沿邊壓車 0.5cm 裝飾線。

24 將背帶穿入口型環，兩端內折收邊，車縫固定即完成。

17 先將磁釦安裝在磁釦固定片上，四周收邊內折，擺放在裡袋身紙型標示位置處，車縫 0.1cm 一圈。

18 磁釦另一邊同作法車縫在另一裡袋身上。

19 取底板布正面相對對折，車縫一道。

20 翻回正面，將 EVA 發泡墊置入，底板布兩側疏縫。

13 另一裡袋身製作拉鍊口袋。

14 裡袋身與裡袋底車合，作法同表袋身。

15 兩邊接合後，縫份燙開。

16 將裡袋身與裡側身繼續接合，另一側同方式，轉彎弧度處打牙口對齊好車縫。

製作示範／蔡佩汝
編輯／Forig　成品攝影／蕭維剛
示範作品尺寸／寬 36cm× 高 25cm× 底寬 15cm
難易度／🐾🐾🐾

大頭狗空氣包

可愛討喜的大頭狗布花，療癒人心，成為穿搭的時尚新寵兒。加上車壓紋的設計，整體細緻感提升。材質輕盈好收納，製作簡單易上手，是一款便利性很高的實用包款。

MATERIALS

裁布：

主布

本體 a、b	47×72cm（粗裁）	2 片
手把	65×12cm	2 片
口袋 a、b	20×27cm	4 片
拉鍊布	5×6cm	3 片

鋪棉：

本體 a、b	52×77cm	2 片
手把布	5×68cm	4 片

其它配件：

緞染線 ×1 顆、21cm 拉鍊 ×1 條、45cm 拉鍊 ×1 條、2cm 人字帶 90cm 長 ×1 條。

※ 以上數字尺寸已含 1cm 縫份。

Profile

蔡佩汝

13 歲有第一台縫紉機，開啟了縫紉世界，喜愛創作與手作。

在手作中找出樂趣，在創作中找出風格。曾擔任喜家縫紉館才藝老師，教學經驗 6 年。

網站：http://waterbear.com.tw/
FB 搜尋：水貝兒縫紉手作

HOW TO MAKE

製作裡拉鍊口袋

03 翻至正面隔布低溫整燙，上端壓線 1cm。

01 取本體 a、b 加鋪棉，使用疏縫線或是別針固定，車縫指定壓紋。

04 取出 21cm 拉鍊，頭尾端如圖使用拉鍊布包邊，左右內收 1cm，車縫縫份 1cm，翻至正面內收縫份車縫 0.2cm 固定。將口袋 b 車縫於拉鍊上壓線 0.2cm。

返口

02 取 2 片口袋布 a 正面相對，四周車縫 1cm，下方留 5cm 返口不車。另取 2 片口袋布 b 同作法車縫。

13 袋身翻至正面，袋口中心左右向外車縫手把，隨意車縫壓線固定。（圖手把尾端對折2cm，中心左右各7cm，袋口向下5cm車縫3cm）

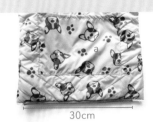

09 翻至正面，表布部分內收對折，車縫袋底1cm。使用2cm人字帶包邊袋底30cm。

05 粗裁本體b使用記號筆畫出指定尺寸(42×67cm)底端向上26cm車縫拉鍊。

14 取45cm拉鍊一端車縫拉鍊布。

10 袋底打角中心左右各7cm車縫。並將打角處修剪縫份並使用人字帶將其包邊。

06 車縫口袋三邊0.2cm固定。

本體a與口袋a車縫位置為袋底向上8cm，車縫固定三邊0.2cm。

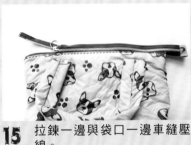

15 拉鍊一邊與袋口一邊車縫壓線。

11 手把布正面相對對折車縫1cm。翻至正面，放入兩層手把鋪棉。

07 指定尺寸(42×67cm)向內車縫0.2cm疏縫固定，裁剪指定尺寸。

16 另一邊拉鍊同作法壓線，並將其拉鍊尾端內收即完成作品。

12 縫份對齊中心點車縫壓線固定。

08 將本體a、b正面相對車縫左右1cm固定。

招財開運布包雜貨

將帶來好運的吉祥象徵與手作結合，

創造出能隨身攜帶的實用小包或雜貨。

可愛招財貓零錢包

以和風招財貓為造型的零錢包,除了可以當零錢包、收納包外,也可以掛在大包上當吊飾,有濃濃的吉祥福氣涵意。而依照招財貓舉左、右手的不同,有不同的意思,左手代表著招來錢財,右手代表招來福氣,因此在製作時,也可依喜好來變換。

製作示範/糖糖　編輯/Forig　成品攝影/林宗億　完成尺寸/寬14cm×高11.5cm(含手與耳朵的尺寸)
難易度/🌸🌸🌸🌸

Materials

裁布：

※以下紙型未含縫份，請外加0.7cm縫份；貼布縫則外加0.3~0.5cm
縫份；數字尺寸已含0.7cm縫份。

紙型C面

部位名稱		尺寸	數量	備註
表布（黃色）	左耳	左耳紙型	正反各1	前片貼縫內耳後，背面再燙雙膠薄舖棉
	前片A、配色	前片A、C1紙型	各1	
	後片配色	後片A2~4紙型	各1	
表布（黑灰色）	右耳	右耳紙型	正反各1	前片貼縫內耳後，背面再燙雙膠薄舖棉
	前片B、配色	前片B、C2紙型	各1	
	後片B、配色	後片A5、B紙型	各1	
表布（白色）	前片C	前片C紙型	1	
	後片A、配色	後片A、A1紙型	各1	
	左手	左手紙型	正反各1	其中一片燙雙膠薄舖棉
	右手	右手紙型	正反各1	其中一片燙雙膠薄舖棉
配色布A（咖啡色）	鼻子	鼻子紙型	正反各1	
配色布B（金黃色）	錢幣	前片C3紙型	1	
配色布C（紅色）	內耳	左、右耳紙型	各1	
配色布D（黑色）	掛耳	3cm×5cm	1	
	手提帶	23cm×5cm	1	
裡布	前、後片	前、後片紙型	各1	薄布襯

其他配件：

薄布襯、雙膠舖棉、胚布、15cm長3v塑鋼拉鍊×1條、25號繡線（黑色、紅色）、填充棉花、1~1.2cm寬D字環×1個、1.2cm寬小勾環×1個、10mm彈簧金屬四合釦×1組。

Profile

糖糖

早期以畫可愛風的插圖為主，並製成相關商品販售。2009年開始以看書自學方式玩拼布，並在某次網友的建議下，將自己所繪製的圖案運用其中，陸續設計和手作出許多可愛又實用的拼布作品。如今玩拼布手作多年，依然期許著自己所設計的作品，能讓人從手作過程中，漸漸喜歡上拼布所帶來的樂趣與成就感。

著作：《樂活輕旅後背包》《經典時尚口金包》《幸福手感拼布小物》合集
作品曾刊載於《Cotton Life玩布生活》NO.22、NO.23、NO.28、NO.29期刊中。

▲Facebook

▲Blog

How To Make

8　左手前、後片正面相對，在左手的右邊留返口，其餘縫合。

9　將縫份的舖棉修剪掉（不要剪到縫線），表布的縫份再用鋸齒布剪剪出數個牙口。

10　從返口翻回正面，整理好左手的形狀後，用熨斗整燙。並依照左手紙型畫出完成線後，右邊再外加0.7cm縫份來修剪。即完成左手的製作。

◆ 製作右手

11　依照右手紙型裁剪表布（白色）正反各1片與雙膠舖棉。

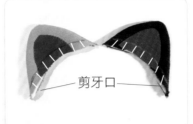

◆ 製作左手

6　依照左手紙型裁剪表布（白色）正反各1片與雙膠舖棉1片。

7　左手前片背面燙上雙膠舖棉，正面則畫上刺繡記號線條後，取25號紅色繡線三股線，穿過刺繡針對摺成六股，線尾打結後，依照刺繡線條記號，利用回針繡繡好。

5　從返口翻回正面，整理好左、右耳的形狀後，用熨斗整燙。再依左、右耳紙型分別畫出完成線後，下方留0.7cm縫份修剪好，並於縫份處剪數個牙口。即完成左、右耳的製作。

剪牙口

◆ 製作左右耳

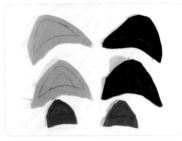

1　取裁好的左、右耳前片、後片、內耳等布。

2　將內耳以立針縫法分別貼縫在左、右耳前片上。

3　左、右耳前片背面燙上雙膠舖棉後，與後片正面相對，下方留返口，其餘縫合。

4　將縫份的舖棉修剪掉（不要剪到縫線），表布的縫份再用鋸齒布剪剪出數個牙口。

86

◆ 製作鼻子

19 依照鼻子紙型裁剪咖啡色布正反各1片。

20 鼻子布正反2片正面相對後，上方留適當大小的返口，其餘縫合一圈。

21 將縫份用鋸齒布剪剪出數個牙口。

22 由返口處翻回正面，並整理好鼻子的形狀。從返口處塞入適當的填充棉花。

16 翻到背面，從背面的第一條刺繡記號線前端入針、第二條刺繡記號線前端出針，稍為拉緊繡線，完成右手第一條線的刺繡。

17 依照上述方法，分別將右手的三條刺繡線繡好後，刺繡針從縫合邊出針，打結後，再從縫合邊入針，將線結拉入縫合邊內，藏線結。

18 運用藏針縫法將返口處縫合。即完成右手的製作。

12 右手前片背面燙上雙膠舖棉後，與後片正面相對，右邊留適當大小的返口，其餘縫合一圈。

13 將縫份的舖棉修剪掉（不要剪到縫線），表布的縫份再用鋸齒布剪剪出數個牙口。

14 從返口翻回正面，整理右手的形狀後，再將縫份夾摺進去用熨斗整燙。

15 依照右手紙型將右手正反面畫出刺繡線條後，取25號紅色繡線三股線，穿過刺繡針對摺成六股，線尾打結後，從返口處入針，在右手的正面第一條刺繡記號線前端出針。

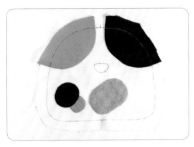

30 再運用立針縫法將三片配色布分別貼縫至前片表布上後，並用熨斗整燙。

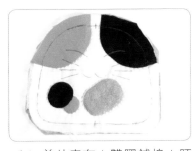

31 前片表布＋雙膠鋪棉＋胚布三層依序燙黏好後，做圖案的落針壓線。並依照前片紙型在前片表布上畫出眼睛、鬍鬚、嘴巴的刺繡記號線。

32 取25號黑色繡線三股線，穿過刺繡針對摺成六股線後，線尾打結，運用回針繡法來回共二次繡出招財貓的眼睛。

33 紅色繡線六股線，以回針繡法繡出招財貓的嘴巴。黑色繡線六股線，以直線繡法繡出鬍鬚。

26 布條穿過1.2cm寬的D字環對摺，並且布邊稍作修剪。

◆ **製作前片**

中心

27 取裡布前、後片，背面燙上薄布襯，並且畫出上下中心點記號。

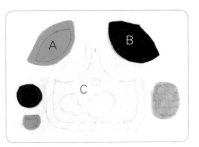

A   B

C

28 取前片A、B、C布片（粗裁時，縫合外邊處，需外加1cm縫份），和數片貼布縫配色布；在前片C上畫出貼縫圖案的位置記號。

29 將前片A、B運用立針縫法貼縫至前片C上，即完成整個前片表布。

23 運用藏針縫法縫合返口後，再利用熨斗燙面，將鼻子的形狀整燙出圓弧狀。即完成鼻子的製作。

◆ **製作掛耳**

24 取掛耳布上下對摺整燙出中心線後打開。兩邊布邊對齊中心線摺燙後，再對摺整燙出3×1.2cm的布條尺寸。

25 在距布邊約2～3mm處各車縫壓一道線。

88

42 將鼻子運用藏針縫法貼縫固定在前片指定的位置上。

43 將招財貓的右手運用藏針縫法貼縫固定在前片指定的位置上。貼縫時,只縫右手的一半,讓前端呈現可以打開的模樣。

44 完成整個前片的製作。

38 前片與裡布正面相對,上下中心點相合印,在下方留約5cm寬的返口,其餘縫合一圈。

39 用手將前片縫份處的舖棉與表布撕拉開。將縫份處的舖棉修剪掉,並把表、裡布的縫份用鋸齒布剪剪出數個牙口。

40 從返口處翻回正面後,用熨斗整燙好前片的形狀,並將返口處的縫份也摺燙進去。

41 運用藏針縫法縫合返口後,熨斗再整燙前片一次。

34 黑色繡線六股線,用回針繡法繡出金幣上的文字。

35 前片整燙後,再依前片紙型畫出完成記號線和外加0.7cm縫份後的裁剪記號線、上下中心點記號後,依照裁剪記號線將前片修剪成完成尺寸。

36 沿著前片上方的布邊弧度,分別將招財貓的左、右耳與前片正面相對,用疏縫線暫時固定在指定位置上。

37 招財貓的左手與前片正面相對,疏縫固定在前片指定的位置上。

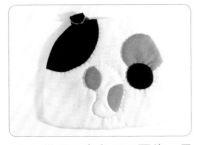

53 從返口處翻回正面後，用熨斗整燙好後片的形狀，並將返口處的縫份也摺燙進去。運用藏針縫合返口後，再整燙後片一次。完成整個後片的製作。

◆ 組合前後片

54 取15cm長的3v塑鋼拉鍊，並在背面畫出上下中心點記號。拉開拉鍊後，將其中拉鍊一邊的中心點與前片背面的上中心點記號相合印，用珠針暫時固定。

55 再將拉鍊沿著前片上方弧度用珠針一一暫時固定。

56 拉鍊頭尾兩端沿前片布邊再往內約3mm，多餘的拉鍊布則需內摺。

---

49 後片整燙後，再依後片紙型畫出完成記號線和外加0.7cm縫份後的裁剪記號線、上下中心點記號後，依照裁剪記號線將後片修剪成完成尺寸。

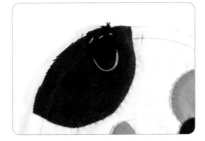

50 將掛耳疏縫固定在後片指定位置上。

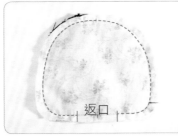

51 後片與裡布正面相對，上下中心點相合印，在下方留約5cm寬的返口，其餘縫合一圈。

52 將後片縫份處的舖棉修剪掉，並將表、裡布的縫份用鋸齒布剪剪出數個牙口。

◆ 製作後片

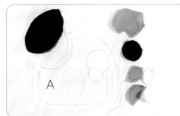

45 取後片A、B布片（粗裁時，縫合外邊處，需外加1cm縫份），和數片貼布縫配色布；在後片A上畫出貼縫圖案的位置記號。

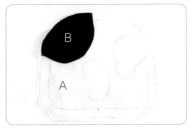

46 將後片B運用立針縫法貼縫至後片A上，即完成整個後片表布。

47 用立針縫法將數片配色布分別貼縫至後片A上後，並用熨斗整燙。

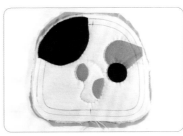

48 後片表布＋雙膠舖棉＋胚布三層依序燙黏好後，做貼縫圖案的落針壓線。

64 再對摺整燙出23cm×1.2cm 的布條尺寸。並距布邊約 2～3mm處各車縫壓一道 線。完成整個布條。

65 布條其中一端用椎子刺出 四合釦安裝的位置後,安 裝上金屬四合釦的母釦。

66 布條另一端則穿過小勾 環,留約2cm長,再用椎 子刺出四合釦安裝的位置 後,安裝上金屬四合釦的 公釦。

67 將提帶兩端的四合釦扣 上,勾在招財貓零錢包掛 耳處的D字環上,即完成整 個招財貓零錢包的製作。

60 前、後片背面相對,下方 中心點相合印後,運用 藏針縫法將拉鍊以外的 部份縫合。【POINT】縫 合時,前後兩端都需回針 二、三次,增加耐用度。 藏針縫時,縫針只在表布 上出入針,並需將縫線拉 緊。

61 縫到招財貓左手時,縫針 則在左手表布上出入針。

62 縫合前、後片後,再用熨 斗整燙好,即完成招財貓 零錢包的前、後片組合。

◆ 製作可開合的手提帶

63 取手提帶布1片,頭尾兩端 分別往內摺0.5cm。兩邊布 邊對齊中心線摺燙。

57 同方法將拉鍊另一邊也用 珠針暫時固定在後片的上 方。

58 用回針縫法分別將拉鍊兩 邊都縫合固定在前、後片 的背面上方。

59 縫合好拉上拉鍊,確定拉 鍊的位置縫合無誤後,再 用立針縫法將拉鍊布邊 貼縫固定在前、後片的 背面。【POINT】縫拉鍊 時,縫線不要露出在前後 片的正面表布上。

Focus ——

使用不同圖案布製作
包款,能呈現出截然
不同的風格。

帶財吸金小提包

使用有招財含意的圖案布設計包款,感覺財運都提升了,人生充滿著希望,
心情也愉悅起來。外出提著帶財的小提包,期待隨時有好事發生!

製作示範╱CoCo　編輯╱Forig　成品攝影╱蕭維剛　完成尺寸╱長18cm×寬16cm×底寬6cm

難易度╱

Materials

用布量：
圖案布1尺、配色素布1尺、裡壓棉1尺、裡口袋配色棉布20cm×20cm。

裁布：
※以下紙型、數字尺寸皆已含縫份。

紙型D面

部位名稱		尺寸	數量
圖案布	裡口袋	紙型	1片（燙布襯）
	表袋身	紙型	2片（燙布襯）
	扣絆	4×8cm	1片
素色布	表袋蓋	紙型	1片（燙布襯）
	表側底	紙型	2片（燙布襯）
壓棉布	裡袋身	紙型	2片
	裡側底	紙型	2片
	裡袋蓋	紙型	1片
棉布	裡口袋	紙型	1片

其他配件：
1.5cm D環×2個、轉扣×1組、手提背帶×1條。

Profile

郭雅芬（coco kuo）
2002年無意間經過喜佳教室，購入第一台brother縫紉機，從此和手作結下不解之緣。
著作：《超人氣時尚手作包》、《媽媽寶貝的幸福手作》、《3C的完美收納包》、《當手作遇見貓》、《簡約時尚手作包》
合輯：《就缺這一款！超實用手拿包！》、藝風堂10本合輯

coco的幸福手作工作室
FB粉絲專頁：Coco的幸福手作

9 翻回正面，沿邊壓線固定。

10 取表後袋身，將袋蓋正面相對對齊上方置中擺放，車縫一道。

◆ 製作表袋身

11 取表前袋身，將轉扣凸面固定在紙型標示位置上。

12 固定轉扣時，背面可墊一小塊壓棉布較為牢固。

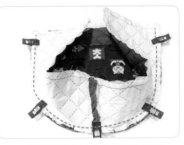

5 翻回正面，接縫線左右兩邊壓線固定。

6 再與裡後袋身正面相對，對齊好車縫U形。

返口

7 裡側身另一邊與裡前袋身同上作法車合，底部須留10cm返口。

◆ 製作袋蓋

8 取表裡袋蓋正面相對，依圖示標線位置車合。

◆ 製作裡袋身

1 取裡口袋表裡布正面相對，袋口處車縫一道。

2 翻回正面，沿邊壓線固定。

3 將裡口袋對齊在裡後袋身上，U形疏縫固定。

4 取2片裡側身正面相對，中心車合。

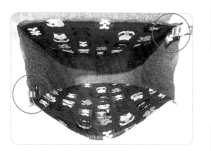

18 再將扣絆依圖示固定在表前後側身的左右處（錯開）。

13 取2片表側身正面相對，同步驟4、5完成車縫。

14 將表側身與表後袋身正面相對車縫U形。

22 由返口翻回正面，並藏針縫合返口。

19 取轉扣開口面安裝於表袋蓋中心相對位置。

15 同上作法完成表前袋身與另一邊表側身的車縫。

23 袋口處沿邊壓線一圈。

20 將表裡袋身縫份燙開，正面相對套合，袋口處對齊好，用強力夾暫固定。

◆ 組合袋身

16 取扣絆布兩邊往中心折燙，再對折燙。

24 袋蓋扣合，並扣上手提帶或背帶即完成。

21 車縫袋口處一圈。

17 將扣絆布平均剪成2份，並取小D環分別穿入，扣絆對折強力夾暫固定。

鼠 來寶貝萬用包

水汪汪賣萌的大眼睛，讓人忍不住注意到它的存在。即將迎接鼠年，久違的迎來生肖之首，有鼠來寶、鼠來富的招財之意，讓孩子背上可愛的鼠寶貝包拜年，紅包數不完，平常出遊背也非常適合喔！

製作示範／黃珊　編輯／Forig　成品攝影／林宗億　完成尺寸／長17cm×寬16cm×底寬8cm

難易度／🐚 🐚 🐚

Materials

裁布：

※以下紙型、數字尺寸皆已含縫份。

紙型D面

部位名稱		尺寸	數量
表布：仿皮	前袋身	紙型	1片
	後袋身	紙型	1片
	眼A、B、C	紙型	各2片
	耳朵	紙型	4片
	後庭	紙型	1片
	臀部	紙型	1片
	側身底部	40cm×10cm	1片
	拉鍊口布	20cm×9cm	2片
裡布：薄防水布	前後袋身	紙型	2片（輕挺襯）
	側身底部	40cm×10cm	1片（輕挺襯）

其他配件：

3×60cm出芽布×2條、58cm芽管×2條、5V拉鍊18cm長×1條、4×63cm斜布條×2條、織帶〔2.5×6cm掛耳×2條、2.5×35cm手提帶×1條〕、2.5cm D型環×2個、2.5cm龍蝦勾×2個。

斜背帶參考尺寸：2.5×110cm織帶×1條、2.5cm龍蝦勾×2個、2.5cm日型環×1個。

Profile

黃珊

手作資歷8年，單純只為了喜歡而接觸玩布世界！
喜歡豐富色彩和隨心塗鴉，發揮想像力將童心融入生活裡。

How To Make

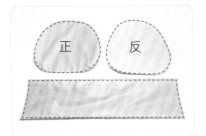

9 取裡前後袋身、裡側身底部分別與輕挺襯疏縫一圈固定。

10 再將表、裡前袋身背面相對，疏縫一圈固定，同作法完成後袋身。

11 取牙管置入出芽布內，將出芽布摺起，更換單邊壓腳並貼齊牙管邊緣車縫。

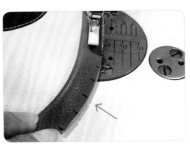

12 遇到弧度轉彎處，出芽布需剪牙口。

5 再疊上後庭裁片沿邊車縫固定。

◆ 製作出芽

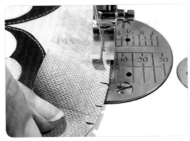

6 取出芽布沿著前袋身輪廓邊對齊疏縫固定，遇到弧形轉彎處時剪牙口。

7 疏縫一圈，結尾處重疊1.5cm固定。

1.5cm

8 同上作法車縫好後袋身的出芽。

◆ 製作前後袋身

1 取眼A，B片，運用矽利康潤滑筆塗抹在車線位置上。在眼B臨邊壓裝飾線車合固定在眼A上。

2 再疊上眼C，同眼B步驟完成左右眼睛。

3 將眼睛車縫固定在表前袋身上。

4 取後袋身依紙型指示挖空實際線，將臀部裁片置底車合。

招財開運
布包雜貨

21 將表、裡側身底部對齊，
兩長邊疏縫固定。

22 取表裡耳朵正面相對，車
縫弧度處，縫份為1cm。

23 縫份修剪出芽口，翻回正
面，沿邊壓線固定。

24 先確定好拉鍊頭方向，依
圖示將耳朵疏縫固定在拉
鍊口布上（此為接前表袋
身）。

17 取2條織帶掛耳分別套入D
型環，織帶對摺後依圖示
位置擺放，疏縫固定。

◆ 製作側身底部

18 取表、裡側身底部正面相
對夾車拉鍊口布短邊。

19 同作法完成另一邊的夾
車。

20 翻回正面，縫份倒向側身
底部後壓裝飾線固定。

13 快車縫結束時，將多餘的
芽管剪掉。

14 完成前、後袋身的出芽製
作。

◆ 製作拉鍊口布

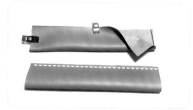

15 取拉鍊口布對摺，長邊疏
縫固定。

16 將口布折雙邊對齊拉鍊
邊，兩端預留1cm縫份車
合固定。

斜背帶

手提帶

29 依需求製作斜背帶或手提帶。

30 扣上背帶就完成囉！

27 再將縫份包覆好車縫固定。同作法完成另一邊後袋身的車縫。

28 翻回正面，整理好袋型。

25 將步驟21完成的外圍袋身與前袋身正面相對，對齊好車縫一圈固定，縫份修剪成0.7cm。

26 取斜布條將縫份包邊車縫一圈。

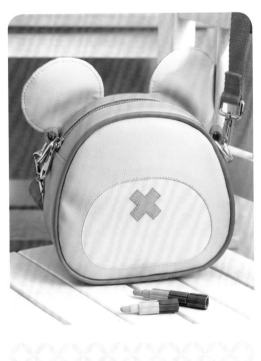

丹麥風格側背包
Dannebrog shoulder bag

創作理念：丹麥是一個崇尚簡約，熱愛大自然環保的國家，喜歡款式簡單但實用的包，因此選用軟木布作為主材料，款式上簡潔大方，但是當你打開袋蓋的時候可以發現各式口袋以及內袋的巧妙，讓你使用起來很方便。

丹麥人還特別熱愛自己的國旗，逢年過節和生日的時候都會在家中或者花園插上國旗，所以袋蓋上的十字代表著丹麥的國旗，釘上蝴蝶結又會像一份精心準備的禮物，表達了丹麥人特別喜歡互送禮物，而且不管禮物的大小總是包裝的特別精美。

Design idea: Danes advocates simplicity and loves nature and environmental protection and they like simple but practical design, so I choose cork as my main material for the bag. It looks really simple, but when you open the flap, you can find all kinds of pockets and very easy to use.

Danes also love their national flags. They like to use the flag in all kind of situations in their life, for example, birthday, wedding, holidays and so on. The cross on the flap represents the Danish flag, but when you add a bow on it, the bag seems like turning into a well-prepared gift which also shows that Danes love to give each other gifts, and no matter what kind of the gift is always beautifully and well packed.

軟木小知識：軟木大部分生長在地中海，那裡有大片的軟木森林。軟木樹的樹皮可以一次又一次地收穫而不會損壞樹木。世界自然基金會建議使用更多的軟木塞，種植更多的軟木樹，使軟木塞森林得到維護和發展。軟木森林以與雨林相同的方式結合二氧化碳。軟木是 100%天然產品。軟木是環保的，可持續，可重複使用和可生物降解。

Small knowledge: Cork is one of the wonders of the world. Cork (Quercus suber L) grows in large parts of the Mediterranean, where there are huge areas of cork forests.

The bark of the cork tree can be harvested again and again without damaging the tree. The World Natural Fund recommends using more cork and more cork trees are planted, then the cork forests are maintained and growing. Cork forests bind CO_2 in the same way as the rainforest. Cork is a 100% natural product. Cork is environmentally sound, sustainable, reusable and biodegradable.

製作示範＆拍攝＆翻譯（By）／ Pauline Zhang　編輯（Editor）／ Forig
完成尺寸（Finished siza）／長（L）24cm× 高（H）19cm× 底寬（D）9cm
難易度（Difficulty level）／☆☆☆

Materials 紙型 D 面

用布量 Fabrics & 剪裁 Cutting
厚布襯 Thick Fusible Interfacing（TKFI）
薄布襯 Thin Fusible Interfacing（TNFI）
※ 版型不含縫份，請自行加 0.7cm 縫份，厚布襯不需要加縫份。
About cutting, all panels are exclusive seam allowance, you need to add 0.7cm seam allowance to the exterior fabrics, lining fabrics and the thin fusible interfacing, cut thick fusible interfacing as panels.

表布 Exterior fabrics／軟木布 Cork Fabric（50cm×140cm）	版型 Pattern	數量 QTY	TKFI	TNFI
前袋蓋 Front Flap	版型 Pattern A	2	1	2
前口袋 Front Pocket	版型 Pattern B	2		2
前／後袋身 Main Body	版型 Pattern C	2	2	2
袋底（仿皮）Bottom（PU）	版型 Pattern D2	1		
側身 Side	版型 Pattern D3	2	2	2
後袋蓋正面 Back Flap Right Side	版型 Pattern E1	1	1	1
後袋蓋背面 Back Flap Wrong Side	版型 Pattern E2	1	1	1
後口袋 Back Pocket	版型 Pattern C2	1		1
裡布 Lining Fabric（30cm×60cm）／軟木布 Cork Fabric				
裡袋身上貼邊 Lining Main Body Top Edge	版型 Pattern C1	2		2
裡側身上貼邊 Lining Side Top Edge	版型 Pattern D1	2		2
內袋蓋 Inner Flap	版型 Pattern F	4	2	4
肯尼布 Nylon Fabric（30cm×140cm）（不需燙襯 No interfacing here）				
內口袋 Lining Pocket	版型 Pattern G	4		
裡側袋身 Side	版型 Pattern D4	1		
裡袋身 Lining Main Body	版型 Pattern C3	2		

其他配件 Accessories：
合成皮 15cm×30cm、合成皮皮條 1.9cm×130cm、合成皮蝴蝶結 ×1 個、合成皮掛耳 ×2 個、磁扣 ×5 組、鉚釘 ×5 組、2cm D 環 ×2 個、2cm 龍蝦扣 ×2 個、2cm 日字扣 ×1 個、2cm 馬口夾 ×2 個、Eva 軟墊 9cm×30cm。
PU Leather 15cm×30cm、PU Leather Stripe 1.9cm×130cm、PU Leather Bow×1、PU Leather D Ring Tab×2、Magnet Button×5sets、Rivet×5sets、2cm D Ring×2、2cm Snap Hook×2、2cm Pin buckle×1、2cm stripe stopper×2、EVA Padded 9cm×30cm.

Profile　Pauline Zhang

從小喜歡手作，擁有自己的手作店是我一直的夢。
五年前當我住在法國的時候，一間美麗的手作材料店改變了我的生活，我買了人生的第一塊布，手作旅程就這樣開始了。我每天都有新的想法，甚至開始在當地的手工店販售我的成品，並且和法國的手工店主一起參加手作展，那些經歷讓我永生難忘。
2015 年，我們全家搬回童話的國度－丹麥，我開了手作材料網店，並且在當地有名的手工學校教授做包包和布盒的製作。手作已經成為我生活中不可或缺的部分，我享受並快樂著。

I love handworks. Having a handwork shop has always been my dream.
Five years ago, when I lived in France, a beautiful fabric shop changed my life, I bought my first piece of fabric and started my handmaking journey from here. It was so funny, new ideas came to my head all the time. I also started selling my finished bags in the local shop and went to handwork exhibitions together with the owner of the shop. It was a great experience and I opened my own online shop after we moved back to Denmark in 2015.
Now I also teach making bags and French cartonnages in a handwork school in Denmark. Handwork becomes a very important part in my life and I really enjoy it.

How To Make

7 前口袋的表裡布正面相對，車縫袋口。

Pin the exterior fabric and the lining fabric of the front pocket right side together and sew the top edges together.

8 前口袋翻至正面並在袋口臨邊壓線。

Turn to right side and top stitch the top edge.

9 打開前口袋表布，在口袋裡布正中畫一條線，並在這條線上將前口袋裡布與前袋身車縫固定，前口袋就是隱式雙口袋。

Draw a line in the middle of the lining fabric of the front pocket and sew on it with the main body, so you get a invisible double front pockets.

後袋蓋
Back pocket flap

4 將版型 E1 與 E2 結合，只車底下的兩邊，並將尖角修窄，在 E2 上安裝磁扣公扣。

Sew panel E1 and E2 together, only sew the two bottom edges. Notch the seam and attach the male part of the magnet button on E2.

5 翻至正面，在剛剛車合的三角邊進行臨邊壓線。

Turn to the right side and topstitch the bottom edges.

製作表袋身
Make the exterior main body

6 前口袋的表裡布分別車縫底部的打角。

Sew the folds at the bottom for both of the exterior fabric and the lining fabric of the front pocket.

製作表袋蓋
Sew the exterior flaps

1 裁 2 條 1.25×30cm 的合成皮並根據紙型車縫在袋蓋表布上（燙了厚布襯那塊），車完後剪去多餘的合成皮。

Cut 2 pieces of PU leather (1.25cm×30cm) and sew them on the front flap (the one with the thick fusible interfacing), cut the rest out after sewing.

2 與袋蓋裡布（燙了薄布襯的那塊）結合，車 U 型，並將尖角修窄。

Sew the exterior front flap piece to the lining piece with right sides together, sew along the U shape edge and notch the seam.

3 翻到正面，臨邊壓線，並按照紙型在左右兩邊分別安裝磁扣公扣。

Turn to the right side and topstitch around the U shape edge. Attach two male parts of the magnet buttons as the panel shows.

17 用合成皮裁好袋底，疏縫一塊 11cm×13cm 的碎布在袋底中間，只疏縫兩條長邊。
Sew a piece of fabric (11cm×13cm) in the middle of the PU leather bottom, only sew two long sides.

14 將後口袋與後袋身疏縫在一起。
Pin back pocket and back main body together and sew around.

10 按照紙型在前口袋上兩個磁扣母扣。
Attach two female parts of the magnet buttons as the front pocket panel shows.

18 袋底與側身結合，縫份倒向側身並在側身臨邊壓線。
Sew the sides and the bottom together, press the seam allowance under the sides and top stitch 0.2cm from the edge.

15 把步驟 5 完成的後袋蓋放在後袋身上，翻開後袋蓋表布，將後袋蓋裡布與後袋身車縫固定。
Put the assembled (step 5) back flap on the back main body, only sew the lining fabric of the back flap on the back main body.

11 後口袋表裡布正面相對，車縫袋口。
Pin the exterior fabric and lining fabric of the back pocket right side together and sew the top edges together.

19 將側身與前後袋身結合。結合的時候在側身適當剪牙口。
Assemble the side and the main body. Trim the seam allowance if it is needed.

16 把後袋蓋表布翻回來，最後疏縫四周固定。
Pin back flap, back pocket and back main body together and sew around.

12 後口袋翻至正面並在袋後臨邊壓線。
Turn Step 12 to the right side and top stitch the top edge.

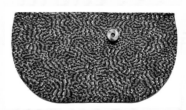

13 按照紙型在後口袋上裝一個磁扣母扣。
Attach the female part of the magnet button on the back pocket according to the pattern.

26 翻至正面，除袋口外，進行臨邊壓線，並分別在內袋蓋裝上磁扣，一邊母扣一邊公扣。

Turn step 25 to the right side, top stitch the edges except the top edges, attach the magnet buttons on the exterior fabrics of the lining flaps, male part at one side and female part at the other side (just need to match the lining pockets)

27 將裡主袋身，內袋蓋和裡主袋身上貼邊夾車在一起，中心點對齊，注意磁扣的公扣母扣。

Pin the lining main body, lining flap and the Lining Main Body Top Edge together and sew the top edges together.

28 縫份全部倒向裡主袋身上貼邊，並在上貼邊正面壓線，共完成兩片。

Press the seam allowance under the Lining Main Body Top Edge and top stitch on it, you need to make two pieces.

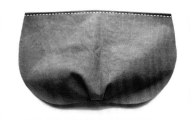

23 將內口袋表裡布正面相對，分別車縫袋口處，並翻至正面在袋口臨邊壓線。

Pin two pieces of the lining pocket fabrics right side together, sew the top edges together and turn to right side, top stitch the top edge.

24 根據紙型在兩個內口袋的表布分別裝上磁扣，一邊母扣一邊公扣，再和裡主袋身疏縫在一起。

Attach the magnet buttons on the exterior fabric of the lining pocket, male part at one side and female part at the other side, and then pin the lining pockets with the lining main bodies together and sew around.

25 內袋蓋表裡正面車縫 U 型，並在弧度的地方用鋸齒剪進行修剪。

Pin 2 pieces of the lining flaps fabrics right side together and sew around the edge, leave the top edges open and trim the seam allowance at the end.

20 在袋底插入 9cm×30cm 的 EVA 軟墊。

Insert a piece of EVA padded (9cm×30cm) into the bottom.

21 翻至正面，並將前袋蓋疏縫在後袋身袋口處，中心點對齊。

Turn the bag to the right side and sew the front flap on the back main body.

製作裡袋身
Make the lining main body

22 車縫內口袋底部的褶子，其中兩片褶子朝外（內口袋表布），另外兩片褶子朝內（內口袋裡布）。

Make the small pleats at the bottom of the Lining pocket fabrics.

29　將裡側身上貼邊與裡側袋身
結合，縫份倒向上貼邊，翻
至正面，在上貼邊壓線。

Pin the Lining Side Top Edges and the lining side right side together and sew the top edges.
Press the seam allowance under the lining side top edges and top stitch on it.

30　組合裡主袋身和裡側身。

Assemble the lining main bodies and the lining side.

裡袋與表袋組合
Piece together

31　將表袋放入裡袋，正面相對，
只車合後袋口。

Put exterior bag into the lining bag, right side against right side and only sew the top edges of the back edges.

32　翻至正面，將剩下的表裡袋
口布分別往內折 0.7cm，並
用固定夾將表裡袋口夾好。

Turn step 31 to the right side and flip o.7cm of the rest of the top edges of the exterior bag and the lining bag and pin them together.

33　袋口臨邊壓線一圈。

Top stitch the top edges.

34　取皮條 130cm，尾端夾上馬
口夾，套入日型環，用鉚釘
固定後，再依圖示穿入龍蝦
扣和日型環，用鉚釘固定，
在側身中心位置釘好穿入 D
環的掛耳，掛上側背袋，完
成！

Make a shoulder handle as the picture shows. Fold the PU leather D ring taps to the top edge of side gusset. Pin it with double rivets.

35　裡袋的使用有兩個組合，可
以扣起兩個內口袋，這樣就
是內三層包。

You have two ways to use the lining bag, attach the lining pockets together, this bag will be a three-layer bag.

36　還可以使用內袋蓋扣在內口
袋上，這樣中間就有比較大
的空間，大家可以按照自己
喜歡的方式組合變化。

Or attach the lining flap with the lining pockets, and then you will get a bigger space in the middle. Use it as you wish, enjoy and have fun.

37　前袋蓋蝴蝶結可以自由選擇
是否安裝，裝上就是禮物包，
不裝就是丹麥國旗包。

You can choose to pin the bow on the front flap or not, pin the bow on, this will be a gift like shoulder bag, or a Danish flag like shoulder bag without the bow.

機能防風
質感外套

小朋友也能打扮得時髦好看，穿上有機能性的防風和防潑水外套，變身為有型的時尚小達人，任何一個地方都是伸展台，培養出孩子自信與魅力的迷人特質。可拆式帽子能隨時替換，轉變風格，是男孩和女孩都合適的流行款式。

製作示範／Meny　編輯／Forig　成品攝影／詹建華

完成尺寸／上衣長53cm（Size：F）　難易度／

back look!

樣衣及紙板尺寸為110～120	單位：公分
衣長（後中量）	53cm
領圍	20.5cm
肩寬	40cm
胸圍	90cm
袖攏圍	40.7cm
袖長	36cm
袖口	28cm

Materials

紙型C面

用布量：
表布（幅寬138cm）×5尺
裡布（幅寬110cm）×3尺

薄布襯：
帽口鎖眼處貼襯×2片

其它配件：
25mm釦子×10顆
暗釦×5對
5mm棉繩×100cm
束繩環×2個

裁布：
※以下紙型為實版，縫份皆外加1cm。

部位名稱		尺寸	數量
表布	右前身片	紙型	1片
	左前身片	紙型	1片
	左暗襟	紙型	1片
	後身片	紙型	2片
	前貼袋	紙型	2片
	袋蓋	紙型	4片
	後腰飾片	紙型	1片
	袖口帶	紙型	2片
	帽子	紙型	4片
	帽釦片	紙型	2片
	袖子	紙型	2片
	領子	紙型	2片
裡布	裡後身片	紙型	1片
	裡前身片	紙型	2片
	裡袖片	紙型	2片

Profile

Elna

公司名稱：愛爾娜國際有限公司

電話：02-27031914
經營業務：
日本車樂美Janome縫衣機代理商
無毒染劑拼布專用布料進口商
縫紉週邊工具、線材研發製造商
簽約企業縫紉手作課程教學
縫紉手作教室創業、加盟

信義直營教室：
台北市大安區信義路四段30巷6號（大安捷運站旁）
Tel：02-27031914　Fax：02-27031913
師大直營教室：
台北市大安區師大路93巷11號（台電大樓捷運站旁）
Tel：02-23661031　Fax：02-23661006
作者： Meny
經歷： 愛爾娜國際有限公司商品行銷部資深經理
　　　簽約企業手作、縫紉外課講師
　　　縫紉手作教室創業加盟教育訓練講師
　　　永豐商業銀行ＶＩＰ客戶手作講師
　　　布藝漾國際有限公司手作出版事業部總監

How To Make

反摺1cm

8 取後腰飾片,先對摺,開口再反摺1cm,車縫兩短邊。

2cm

4 將袋蓋與左前身片正面相對,擺放在貼袋上方2cm處車縫。

製作前口袋

1 取前貼袋,袋口縫份內摺1cm後,再依紙型標示線摺好,沿邊壓線固定。

9 翻回正面,開口摺邊內摺好,四周壓線一圈固定。

5 再將袋蓋往下翻摺,上方壓線0.5cm固定。同作法完成右前身片的貼袋車縫。

2 將前貼袋擺放在左前身片紙型標示位置,如圖示三邊車縫固定。

製作後身片

10 將後腰飾片擺放在後身片中心紙型標示位置處,兩邊車縫固定。

6 取2片後身片正面相對,車縫中心線。

反

正

3 取2片袋蓋正面相對,車縫好後翻回正面壓線0.5cm固定。

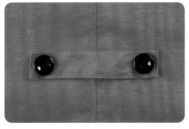

11 如圖示在後腰飾片兩邊手縫上釦子裝飾。

7 翻回正面,縫份往左倒,壓線0.5cm固定。

20 將袖片正面相對對摺，接合袖脇，共完成左右袖。

21 裡布袖片同上步驟接合，並將縫份燙開。

22 將表裡袖片正面相對套合，袖口處對齊，並車縫一圈，共完成左右袖。

製作門襟

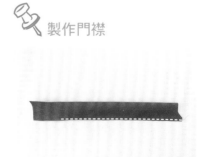

23 取左暗襟對摺，疏縫一道。

16 將2片表布帽子和2片裡布帽子分別先車合。再將表裡正面相對，如圖示車縫帽簷到領口一圈，車縫時摺子方向錯開，領口處留一段返口。

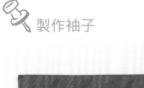

2.5cm

0.2cm

17 翻回正面，帽簷沿邊2.5cm處車縫，形成束繩穿道。領口沿邊0.2cm壓線固定。

製作袖子

18 袖口帶作法與後腰飾片（步驟8-9）相同。

19 取表袖片，將袖口帶車縫至袖口完成線往上4.5cm處，如圖示擺放左右邊車縫，並縫上裝飾釦。

製作領子

12 取1片領子，將弧度邊縫份內摺2次0.5cm，並沿邊車縫固定。

13 再取另1片領子正面相對，如圖示車縫三邊。

14 翻回正面，壓線0.5cm固定。

製作帽子

15 取帽片車縫摺子，共完成4片。並在帽片正面的紙型標示位置開鎖眼（穿棉繩用）。

30 如圖示將右門襟下襬剪出一刀牙口。

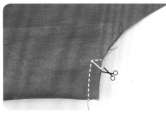

24 再與左前身片的門襟下方對齊，並車縫到止點處（錐子尖點標示位置）。

31 將裡身片拉至對齊門襟邊車縫固定。

27 取右前身片，門襟處反摺，車縫上方領口至領止點處，轉角剪一刀牙口。

32 翻回正面，整理好裡前身片，正面門襟壓線5cm寬。

5cm

15cm

28 將前右門襟翻摺好，再取裡前身片正面相對，車縫下襬約15cm。

25 如圖示翻摺好車縫上方領口至領止點處，轉角處剪一刀牙口。

1cm

33 左前身片車縫另一片裡前身片，作法同步驟28～31車縫。

29 右門襟處下方翻摺車縫固定，多車縫出1cm。

26 翻回正面，形成圖示，門襟外圍邊對齊好疏縫固定。

41 再將表裡衣身下襬處對齊好車縫。

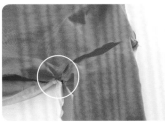

42 表裡衣身袖攏處的肩點與腋下點手縫固定起來。

 製作帽釦片

43 將表裡領圍處對齊好疏縫固定。

44 取2片帽釦片正面相對，如圖示車縫三邊。

37 取前、後身片正面相對車縫脇邊和肩線。

38 取表袖子套入衣身袖攏處，正面相對，沿邊對齊好車縫一圈，弧度剪牙口，完成左右袖。

39 取裡後袋身與裡前袋身正面相對，車縫脇邊與肩線，縫份燙開。

40 將衣身翻至背面，裡袖子與裡身片袖攏處對齊車合一圈。

34 將左前片門襟處翻摺，整理好裡前身片。

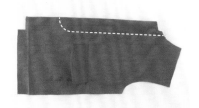

35 正面依紙型標示壓線。

 組合衣身和袖子

正面

反面

36 完成左右前身片的門襟製作。

112

53 將衣身釦子釦上，並整理好衣身即完成。

54 釦上帽子所呈現的樣子。
※帽子可以用不同花樣或質感的布料來製作，當替換使用，產生出不一樣的風格。

縫上釦子與暗釦

49 在口袋蓋中心開出釦眼。

50 衣身門襟處依紙型標示位置也開出釦眼，並在對應處縫上釦子。

51 帽子依紙型位置縫上一邊的暗釦，穿道穿入棉繩，兩端套入束繩環打結。

52 在帽釦片相對應位置縫上另一邊的暗釦。

疏縫
壓線

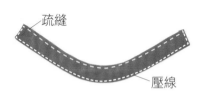

45 翻回正面，沿邊壓線，另一邊疏縫固定。

46 將帽釦片中心與領圍中心對齊好，車縫固定。

製作領片

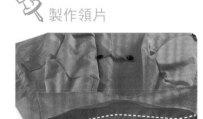

47 取領片與領圍正面相對，對齊車合，縫份剪牙口。

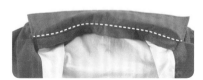

48 另一邊的縫份往裡衣身內摺好，沿邊壓線固定。

牛仔風
翻領斗篷

率性又好看的小斗篷，不僅可以擋風禦寒，穿搭也很有魅力，是孩子必須擁有的服飾單品之一。前方兩個可愛的翻摺口袋和特殊的門襟設計，讓整體更吸睛有型！

完成尺寸／衣長50cm（Size：F）

製作示範／鍾嘉貞　編輯／Forig　成品攝影／詹建華　難易度／🌢🌢🌢

back look!

樣衣及紙型尺寸為F號　　單位：公分	
衣長(後中量)	50cm
胸圍(平放側量)	70cm
帽高	28cm
帽寬	24cm

Materials

裁布：

※以下紙型未含縫份者，縫份留法已經註明在紙型上。

※樣品使用雙面布，在搭配上可自行決定正反面呈現的方式。

部位	尺寸	數量
前衣身	紙型	2片（左右各1）
後衣身	紙型	1片
前門襟裝飾片	紙型	2片（左右各1）
後裝飾帶絆	紙型	2片
前口袋	紙型	4片
斜布條（帽圍縫份包邊用）	3×56cm	1條
斜布條（前襟裝飾片滾邊用）	3×35cm	2條
斜布條（門襟/下襬滾邊用）	4×465cm	1條

紙型D面

用布量：

（幅寬144cm）雙面布5尺

其它配件：

棉繩×2尺
牛角釦×2個
13mm塑膠四合釦×4組

Profile

鍾嘉貞

一個熱愛縫紉手作的人，喜歡手作自由自在的感覺，
在美麗的布品中呈現作品的靈魂讓人倍感開心。
現任飛翔手作縫紉館才藝老師。

飛翔手作有限公司
http://sewingfh0623.pixnet.net/blog
新北市三重區重新路三段89號2樓之四（菜寮捷運站3號出口）
02-2989-9967

9 取後身片標示出帶絆位置，將帶絆擺放上並用四合釦固定。

製作帽子

10 取2片前衣身正面相對，先車縫帽圍處，再取斜邊條包邊車縫帽圍縫份。

11 將斜邊條翻至正面，沿邊壓線固定。

12 斜邊條另一邊包摺至帽子另一邊壓線，完成縫份包邊處理。

5 取前身片標示出前口袋位置，將前口袋對齊擺放上。

6 在前口袋翻摺止點下方沿邊壓線固定，共完成左右片。

製作後裝飾帶絆

7 取2片後裝飾帶絆正面相對，車縫一圈並在底部留返口。

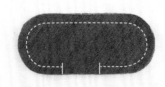

8 周圍縫份剪牙口，翻回正面，沿邊壓線固定。

製作前口袋

反面　　　　正面

1 取前口袋兩兩正面相對，車縫一圈並在底部留返口。

2 周圍縫份用鋸齒剪刀修剪出牙口。

3 翻回正面整燙好，依紙型翻摺止點上方壓線。

4 將前口袋上方依止點翻摺至正面，並在相對應位置裝上四合釦，共完成2組。

21 將前衣身連帽的部份，兩邊轉角處剪牙口。

22 對齊好後衣身的領圍處車縫固定。

23 再將三邊拷克處理。

24 縫份倒向後衣身整燙。

17 取棉繩10cm穿入牛角釦，完成2組。

18 將前門襟裝飾片右邊依紙型擺放在前衣身右邊位置，並夾入牛角釦棉繩落機縫固定。門襟裝飾片左邊擺放在前衣身左邊位置並落機縫固定，兩直線邊疏縫。

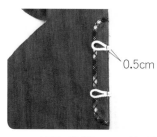

0.5cm

19 再取棉繩10cm共2段，分別對摺依紙型位置擺放，突出0.5cm車縫固定。

組合前後衣身

20 取前後衣身正面相對，對齊好車縫兩脇邊。

 製作門襟

13 取前門襟裝飾片，用斜邊條包邊門襟弧度處車縫。

14 車縫斜邊條遇弧度轉彎處時需剪牙口，使之齊邊。

15 斜邊條翻至正面整燙，另一邊往門襟背面摺燙。

16 門襟背面兩邊弧度處用手縫疏縫固定，正面弧度才會漂亮，完成左右邊。

25 翻回正面，沿邊壓線固定。

30 將門襟扣合所呈現的樣子。

28 將斜布條另一邊翻摺至正面，並沿邊車縫固定，形成包邊處理即完成。

26 斜布條若不夠長，可用接合的方式，並將縫份燙開。

31 後衣身完成示意圖。

29 衣身下襬和帽簷處的包邊近拍圖。

27 用斜布條沿著衣身內部外圍一圈（門襟和下襬處）車縫。

CottonLife 玩布生活 No.32

讀者問卷調查

Q1. 您覺得本期雜誌的整體感覺如何？　□很好　　□還可以　　□有待改進

Q2. 請問您喜歡本期封面的作品？　　　□喜歡　　□不喜歡

原因：_____

Q3. 本期雜誌中您最喜歡的單元有哪些？

□節慶主題《Ama's聖誕Party》 P.04

□2019秋冬流行色×拼布設計《Medallion獎章式拼接壁飾》P.08

□2019秋冬流行包款「復古包」《暖格格斜背包》、《北歐風情兩用包》P.14

□刊頭特集「白領必備公事包」P.29

□進階打版教學（六）「橢圓袋身造型包款」P.60

□流行專題「經典壓紋包款」P.67

□祈福特企「招財開運布包雜貨」P.83

□異國創作《丹麥風格側背包》P.101

□時尚童裝《機能防風質感外套》、《牛仔風翻領斗篷》P.107

Q4. 刊頭特集「白領必備公事包」中，您最喜愛哪個作品？

原因：_____

Q5. 流行專題「經典壓紋包款」中，您最喜愛哪個作品？

原因：_____

Q6. 祈福特企「招財開運布包雜貨」中，您最喜愛哪個作品？

原因：_____

Q7. 雜誌中您最喜歡的作品？不限單元，請填寫1-2款。

原因：_____

Q8. 整體作品的教學示範覺得如何？□適中　　□簡單　　□太難

Q9. 請問您購買玩布生活雜誌是？　□第一次購買　　□每期必買　　□偶爾才買

Q10. 您從何處購得本刊物？　□一般書店　□超商　□網路書店（博客來、金石堂、誠品、其他_____）

Q11. 是否有想要推薦（自薦）的老師或手作者？

姓名：　　　　　　　　　連絡電話：

網站／部落格：

Q12. 請問對我們的教學購物平台有什麼建議嗎？（www.cottonlife.com）

歡迎提供：

Q13. 感謝您購買玩布生活雜誌，請留下您對於我們未來內容的建議：

姓名／	性別／□女　□男	年齡／　　歲
出生日期／　　月　　日	職業／□家管　□上班族　□學生　□其他	
手作經歷／□半年以內　□一年以內　□三年以內　□三年以上　□無		
聯繫電話／（H）　　　　（O）　　　　（手機）		
通訊地址／郵遞區號 □□□□□		
E-Mail／	部落格／	

讀者回函抽好禮

活動辦法：請於2020年1月20日前將問卷回收（影印無效）填寫寄
超值好禮。獲獎名單將於官方FB粉絲團（http://www.facebook.co
品將於2月底前統一寄出。

※本活動只適用於台灣、澎湖、金門、馬祖地區。

U0030978

小黑貓印花布
（藍、黃各1尺）

綿羊、大象御守袋
（1組）隨機

娜娜兔化妝包材料包
（1組）

請貼8元郵票

CottonLife♡玩布生活

飛天手作興業有限公司 編輯部

235新北市中和區中正路872號6樓之2
讀者服務電話：(02)2222-2260

黏貼處

法式風情收納盒
（1份）

娜娜熊零錢包材料包
（1組）

娜娜兔筆袋材料包
（1組）

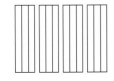

請沿此虛線剪下，對折黏貼寄回，謝謝！